核聚变科学出版工程

"十四五"国家重点出版物出版规划项目

聚变能源

［法］阿兰·贝库雷　著

宋云涛　译

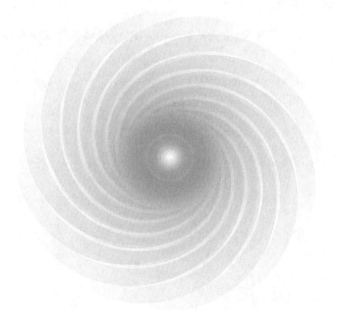

L'ENERGIE
DE FUSION

中国科学技术大学出版社

安徽省版权局著作权合同登记号：第 12212001 号

图书在版编目（CIP）数据

聚变能源/（法）阿兰·贝库雷著；宋云涛译.—合肥：中国科学技术大学出版社，2024.3

（核聚变科学出版工程）

"十四五"国家重点出版物出版规划项目

ISBN 978-7-312-05368-9

Ⅰ.聚… Ⅱ.①阿… ②宋… Ⅲ.核能—研究 Ⅳ.TL

中国版本图书馆 CIP 数据核字（2022）第 021886 号

聚变能源

JUBIAN NENGYUAN

出版	中国科学技术大学出版社
	安徽省合肥市金寨路 96 号，230026
	http://press.ustc.edu.cn
	https://zgkxjsdxcbs.tmall.com
印刷	安徽国文彩印有限公司
发行	中国科学技术大学出版社
开本	787 mm×1092 mm　1/16
印张	8.75
字数	133 千
版次	2024 年 3 月第 1 版
印次	2024 年 3 月第 1 次印刷
定价	48.00 元

内 容 简 介

核聚变是当代自然科学中一个具有重大意义的前沿研究领域。本书从人类社会的能源历史切入，聚焦核聚变能的发展历程。首先从科学原理、具体构造、反应过程等角度具体介绍托卡马克装置，进而探讨如何长时间维持等离子体的高性能和稳定性，接着介绍目前全球规模最大、影响最深远的核聚变国际科研合作项目——国际热核聚变实验堆(ITER)计划，最后回顾中国的核聚变研究发展，展望未来在华夏大地点亮人类的第一盏"聚变之灯"。

本书是一部关于人类积极探索核聚变能源的科普作品，适合对核聚变领域感兴趣的大众读者。作者热切期望本书能够鼓励更多热爱物理和核能工程的青年学生加入这项伟大事业。

中 文 版 序

日月之行,若出其中。星汉灿烂,若出其里。

千年以来,人类从未停止仰望天空,宇宙洪荒激发了我们无穷的想象。

数百年来,人类一直希望驾驭太阳,绚烂瑰丽的日光照耀着我们的梦想。

能源,人类赖以生存的物质基础,它的终极形式是什么?科学家提出了一个大胆的想法——人造太阳。

令核聚变变得可控,让"太阳"成为人类发展的终极能源,这是梦想、是理想,但绝不是空想!

中国在50多年前便开启了"人造太阳"的探索之旅,先后建成了10多个聚变能实验装置,走过艰难困苦、自主创新和合作共赢的不平凡历程。

如今,这段历程开启了新的篇章。为了在地球上创造并驯服"太阳",各个国家选择了携手并进。其中由中国、欧盟、印度、日本、韩国、俄罗斯和美国等7方30多个国家共同合作建设的"国际热核聚变实验堆(ITER)计划"是目前人类历史上规模最大、影响最深远的聚变反应国际科研合作项目,旨在探索聚变在科学和工程技术上的可行性。

ITER是中国第一次以平等的身份,在设计规则之初就介入其中的最大国际合作项目。2003年2月,由科技部牵头组织,中国正式加入ITER谈判,2006年5月签署ITER协议。除了ITER采购包经费外,科技部还加大了ITER计划在国内研究的投入,以提升中国在核聚变能源领域的研发能力和技术水平,向世界贡献中国智慧,使中国核聚变能源的研究创新能力整体进入世界前列。

很幸运,在过去的18年中,作为亲历者和领导者,我见证了中国加入ITER大家庭的全过程,也认识了一大群可爱风趣、执着钻研的国内外聚变科学家。法国国家技术科学院院士、ITER组织副总干事、法国原子能委员会磁约束聚变研究所前所长阿兰·贝库雷教授和中国科学院合肥物质科学研究院副院长、中国科学院等离子体物理研究所所长宋云涛研究员就是其中两位。他俩既是我从事聚变事业的忠实伙伴,也是与我拥有共同理想的珍贵知己。

20世纪90年代初,阿兰第一次来到中国,与等离子体物理研究所开展聚变波加热领域的合作研究。那时的他还是一名青年博士生,一颗核聚变领域的初升新星。30多年来,他从合作项目负责人到法国聚变研究所所长以及中法聚变合作核心推手,先后30多次访问中国。他也因其卓著贡献而被授予中国国际科学技术合作奖。2020年,阿兰教授在ITER国际组织全球招聘中脱颖而出,成为ITER工程部总负责人。无论是领导法国、欧洲还是ITER的大科学项目,他都展现出了杰出的领导才能和高超的战略眼光。

宋云涛教授是我的另外一位"战友",也是中国核聚变研究事业的重要领军人物之一,他及其团队的卓越才华和"大科学精神"给我留下了深刻印象。在云涛的领导下,中国承担的ITER导体、电源、极向场六号线圈、校正场线圈、超导馈线、诊断等采购包质量和进度均获得ITER各方伙伴认可。中国的EAST装置每年都会迎来数百位国际专家开展联合实验,其中一半以上的实验提案来源于国际合作者,等离子体物理研究所已经与全世界30多个国家的120多个聚变研究机构建立了良好的合作关系。如今,云涛的目光看得更远,他领导的"中国聚变工程实验堆(CFETR)"集成工程设计工作正在稳步推进。

我很高兴看到阿兰和云涛合作的中文版《聚变能源》顺利出版,这是中法合作的又一个硕果。

本书深入浅出、面面俱到,从人类使用能源的历史谈起,概述了核能的发展历程,并在此基础上分析了核聚变能的特点和优势。如果你对聚变能开发应用的未来前景心怀好奇,那么阅读完本书后,或许会获得心中的答案。我真诚地向广大读者推荐这本能够带领你了解聚变、走进聚变的书籍。

1/65700光年,这是从地球到太阳的距离。现在,科学家们正在将这个距离变为"0"。真诚希望更多的青年学生、有志学者能加入这一光荣的事业中,你们将给岁月以文明,见证人类历史发展的丰碑。

驾驭太阳,这一天终将到来!

罗德隆
国际热核聚变实验堆(ITER)组织副总干事
中国国际核聚变能源计划执行中心前主任
2023年11月

译　者　序

在法国普罗旺斯地区中部的卡达拉舍,一个史无前例、开创未来的科学项目正在突飞猛进地发展。中国、印度、俄罗斯、美国、日本、韩国和欧盟这些鲜少合作的国家和地区聚集在一起,建立了国际热核聚变实验堆(ITER)组织,有望逐步搭建起未来理想能源的雏形。

ITER并不会使铀这样的重原子核分裂,而是使来自氢的轻原子核聚合,从而释放能量。这种核聚变能的原料氢在自然界中取之不尽、代价甚微,并且它绝不会像核裂变电站那样产生放射性废料。因此,核聚变能必将为人类面临的棘手的能源问题带来巨大变革。如果前期的实验进展顺利,那么从2025年起,一条通往首代核聚变反应堆的道路将自此开通——人类将进入追寻无限清洁能源的关键阶段。

50多年来,中国科学家也在积极探索受控核聚变技术,并先后建成了10多个聚变能实验装置。从2006年加入ITER计划以来,中国认真履行承诺和义务,高质量完成了一系列ITER关键部件的研发制造,受到各合作方的一致肯定。为了朝着核聚变能民用发电的目标靠近,中国已启动了"中国聚变工程实验堆(CFETR)"项目,旨在继ITER之后开展稳态、高效、安全的热核聚变堆科学研究,为探索聚变商用电厂的建设运营奠定基础。

本书在原法文版图书梳理、介绍托卡马克装置相关科学原理和ITER计划进展的基础上,新增了第9章内容,回顾了中国核聚变的发展历程,展望了中国聚变之光的未来方向,得到了阿兰教授的大力支持。

宇宙中所有恒星的能量都来源于氢的聚变。然而,要在地球上实现对氢聚变的可控利用,无疑要面对严峻且艰巨的科学技术挑战。我们应当向全世界核聚变研究领域的专家学者们致敬,多年来他们辛勤耕耘、前赴后继,用汗水和心血践行人类终极能源的伟大理想。

宋云涛

2023年12月

序

　　谁不曾梦想过能够拥有这样的能源：它取之不尽、用之不竭，安全可靠且不会排放温室气体？谁又敢幻想在地球上再造一个"太阳"，让其内部时时刻刻形成的自然能量能为人所用？

　　这种科学技术挑战看似无法克服，但它对人类及其子孙后代至关重要。能量是我们生活的核心，有了它，生命才能得以维持，生活才会更加舒适，活动和交流才能得以开展，生产和劳动条件才有可能提高改善。想象一下，在没有任何外界能量的情况下度过一整天的生活情景：没有电，不能使用常见的交通工具，也吃不上任何必须通过加热才能做成的熟食。这是不是难以想象？可是，地球上确有成千上万的人每天处于这种我们无法想象、更无法接受的生活状况。

　　核聚变很有希望成为人类获得清洁环保能源的一条路径。实际上，要想获得与一座现有核裂变电站年产量等同的电量，我们要么得消耗几百万吨煤炭、石油或天然气，要么得消耗25吨铀，又或者像太阳的聚变反应那样，仅仅只需消耗350千克氢的同位素。

　　希望是美好的，但要把太阳装进一个盒子里并为我们所用，并不是一件简单的事……

　　本书面向科学与技术的最前沿，引领我们在千难万险中，走上一条充满希望的道路。阿兰·贝库雷将满怀激情地带领我们深入了解成千上万核聚变科研人员和工程师每天都在经历的疯狂挑战。"国际热核聚变实验堆(ITER)计划"是目前世界上最大规模的核聚变科学项目,它联合欧盟、日本、中国、印度、韩国、俄罗斯和美国7方共建ITER装置,ITER装置是助力我们在这漫长征程中披荆斩棘的利器。这是一场真正的战斗,一场人类每天都在前赴后继地突破知识边界、实现人类从未能及的事业的战斗。

挫折和困难总是难免的,我们别无选择。但正如但丁·阿利吉耶里所言:"人不要像走兽那样活着,而应该追求知识和美德。"

Gabriele Fioni

法国奥罗阿大区科技教育分管省长

曾任:欧洲聚变能源发展联合会国际合作负责人

ITER组织欧方协调人

中法聚变联合中心理事会法方代表

2018年11月

目　录

第1章 能量简史

生命可以被定义成多种形式,但所有的生物,无论是动物还是植物,都可以被简单而系统地看成一个随时间推移而不断演化的生命体。这种演化会让生物可以从所处环境中汲取各类元素,从而改变其自身结构。一株植物会通过光合作用从空气和阳光中吸收原料,将二氧化碳与水合成为糖分;而动物则会通过消耗能量来捕食猎物,以摄入自身所必需的蛋白质、糖或脂肪,从而得以生息。

更直观地说,其实我们每个人都明白,这种演化无论多么缓慢和难以察觉,都意味着以上所提到的生物会竭尽全力通过一种或多种机制,主要是通过生化的,也会通过物理的甚至其他任何方式,在其所处的环境内实现能量的交换。其实一直以来我们都知道,生命的存在依赖于某种能量的消耗,它可以为整个生命机制的运作提供必要且充足的动力。可以说,没有能量,就没有生命。

通常来说,除了生命体之外,物理学也告诉我们,能量消耗是所有运动的基础,也是任何变化的基础,无论是哪一种性质的变化。因此,本书中提到的能量可以直接被认为是一种用于生产、运输、交换、储存和消耗的用品,就像水或食物一样。实际上,无论是对个人,还是对整个社会层面的存在和发展而言,能量与水或食物一样具有战略意义和至关重要的作用。如果将社会看作一个复杂的生命体,那么它为了自身的发展就必须生产并消耗能量。能量消耗与经济增长之间的联系是显而易见的,至少在分析和了解社会发展的研究中,这是关键性的数据。正如大量研究所表明和各方学者所证实的一样,经济增长与能量消耗之间存在直接关系。

最近犹他大学经济系一项关于2005—2016年的研究①表明,两者之间存在近乎完美的正比关系:1%的经济增长率需要增加约0.96%的能源消耗率来实现。

1.1 人类早期对能量的探索

为了从周围环境中汲取能量,人类从未停止在工作环境中发挥他们的想象力和观察力。如果不依靠外物,则只能利用自己的力量生产机械能。人类很早以前就试图通过使用动物的力量来增加自身能量,耕牛就是很好的例子。由此,人类发现了增加能量的第一种方式:花费少量的能量,如他自己的和饲料的能量,就能够在一些特殊情况下,利用动物来获取和使用更多的能量。例如,一匹马可以完成比一个人多10倍的工作量。这一进步,一方面使人类的劳动能力提升,从而减少他们维持生计所需的劳作时间,另一方面可以提高其所需之外的农作物的生产能力,因此能够将这些生产盈余交换成其他的商品或服务。这两种个体满足感的驱动力使得组织结构进化成拥有共同利益的家庭、集群和村落,并给群体内的每个成员都赋予了新的角色定位。

有趣的是,在这里我们注意到"工作"本身已成为物理量,它被定义为力在移动物体时所提供的能量。因此,工作就是指由承担能量供给的动物在特定距离上进行移动。这里所说的工作与能量一样,通常以焦耳(符号为J)为单位。例如,1焦耳代表在地球上将1千克物体提升10厘米所需的能量。但人类也学会了在自己力所能及的范围内使用自然界的其他能量。

关于机械能的历史资料中都记录着:从一定高度向下扔石头是击碎物体的一种有效手段。这类记载不仅让人们意识到可以应用物体坠落时的势能,也在实践中总结并提出了"功率"的概念,即消耗一定能量的速度。最简单直观的实验就是缓慢抬起一块石头

---

① Mingqi Li. World energy 2017—2050: annual report[EB/OL].(2017-06-21). http://peakoilbarrel.com/world-energy-2017-2050-annual-report/.

到一定的高度，然后让它在自身重力的作用下直接下落。在这种情况下，能量是平衡的，也就是说，石头提升时所需的能量与其下落时所释放的能量一样多。在石头落地撞击的那一刻，所有的能量都在极短的时间内被"消耗"掉，并有可能对其撞击目标造成极其显著的影响。通过石头下落的观察实验，人们领悟到能量是可以被管理的，即可以通过逐渐的积累、储存，然后按需进行使用。因此，结合实际去看"功率"这个概念时，会发现在一定时间间隔内的能量存在差异，而这也是能量问题存在的一个很重要的因素。功率以瓦特(符号为W)作为测量单位，1瓦特表示在1秒钟内1焦耳能量的变化。

人类知道了可以通过其他方式获取机械能并利用它，如重力、动物肌肉的力量等。所有沿海文明和河流文明都曾利用风的力量进行航行，几个世纪以来，风能也在磨坊里被利用来研磨谷物。人类通过探索这些可能性，发现可以在自身产生的能量之外逐渐拥有更多的外界能量。但是，通过使用这些机械能而从自然界获取的能量其实是非常有限的。

火的运用是人类社会获取能量的另一个主要方式，这标志着人类开始使用一种新的能源形式：热能。事实上，通过火的运用，人类掌握了一种完全不同的更高效的机械能形式。后来人类进一步发现，燃烧其实是一种化学反应，即运用力使原子重新排列、组成新分子的反应过程。得益于这种能量来源，人类获取了热能。也正是通过生成和储存这种热能，人类最终发明了蒸汽机，进而引发了第一次工业革命。这个特殊的历史时期除了给社会带来巨大变化之外，也标志着人均能源消耗曲线出现了历史性的拐点。19世纪末，一个欧洲人平均每天消耗的能源总量，相当于过去几十个人肌肉劳动量的总和。这意味着一个新阶段的到来，并引发了人类在能源消耗、进步发展、舒适生活之间的良性循环。

当能量以热能的形式存在时，我们通常使用卡路里而不是焦耳来作为它的计量单位，1卡路里相当于将1克液态水的温度升高1摄氏度所需的能量。有趣的是，我们还可以用卡路里(或更确切地说是千卡，即1000卡路里)这个单位来计量我们身体的能量转换。其中很大一部分的能量转换活动实际上是把食物中蕴含的化学能转换成热能，从而保持我们身体的温度。

随着时间的推移，人类逐渐意识到对火的大规模运用，以及对木材、煤炭、石油、天然气的大量消耗，会导致二氧化碳等"温室气体"大量产生，从而改变地球总体的热平衡。温室效应犹如一颗随时可能引爆气候问题的定时炸弹，几十年来人类越发感受到它的危害，拆除这颗炸弹应当是一件绝对紧迫的任务。与此同时，对能源的渴望却促使人类更加铤而走险地从自然环境中掠夺资源。回顾20世纪末发生的石油危机，人类毫无理智、不计后果地滥用自然资源，而其中的一些资源需要数千万年才能重生或恢复。人类陶醉于唾手可得的能源和自身的进步，最终迷失了心智。

然而人类对化石燃料的过度依赖似乎并未停止。20世纪下半叶，对能源的广泛争夺已成为人类社会发展中"不可或缺"的一部分，更是造成众多国家或地区之间冲突的主要原因。只需简单回顾一下过去几十年发生的冲突，比如以中东为例，我们会发现一旦控制了石油资源或者掌握了其出口运输的港口，就确保了现代地缘政治联盟的基础。

从19世纪开始，人类对电力的掌握和应用加剧了这种疯狂的能源消耗竞赛。当然电力的出现为人类社会的变革和进步铺平了道路，比如电灯、电暖气、电动机，以及后来出现的电子产品和计算机等，都成了我们日常生活中不可或缺的一部分。严格地说，电力本身并不是能量来源，它只是一种载体。但电力却有着近乎神奇的可能性，可以非常方便地进行远距离传输。这就是电力早在19世纪下半叶就得到指数性发展和在全球得以成功应用的原因所在。无论在何处，电力都是开放、发展、繁荣、交流和进步的代名词。自此，人们就能在各自的电表上看到自己的能耗值，而"千瓦时"就是计量单位，它表示功率为1000瓦的设备一小时所消耗的能量。

电力的广泛应用为能源需求的发展提供了一个完美的契机，使人类的能源需求大幅增长。很快，人均日常生活所消耗的能量就达到了原先几百个人肌肉劳动力的总量！

需要指出的是，虽然使用电器本身并不会产生温室气体，但是在电能的生产、运输和储存过程中，却无法避免温室气体的释放。目前，在以燃煤发电厂为主要电力来源的国家，制造并使用一辆电动汽车所释放的二氧化碳量可能比一辆燃油汽车还要多。

1.2 人类对能源的探索

开篇的这几页，我们仅仅谈到了当今能源问题巨大复杂性的冰山一角。能源是一种可计量的战略性的资源集合，我们必须生产、运输能源，有时还需要储存它，并且最后会以各种不同的形式来消耗它。然而，随之而来的是一系列即使不算致命但也非常严峻的问题，其中极为显而易见的三个问题分别是：资源的长期管理、地球未来气候的变化和全球地缘政治的稳定性。本着环境可持续发展的原则，考虑到能源在当代社会所代表的巨大经济利益和政治利益，每个人获取能源的权利都应当受到保护，就像获取水的权利一样，这是一项基本的普遍的权利。

有鉴于此，让我们来谈谈过去和当下人类在能源相关领域的研究和探索。在能源需求产生之前，电力或石油开发领域的研究和探索就已经开始了，随后又逐渐延伸到探究能源生产、运输、存储和消费的成套解决方案。如今，所有的努力都朝着总体优化的方向发展，即在特定的经济背景下，将特定的生产、分配、储存需求和周边环境的各类限制因素都纳入考虑范围。一直以来，国际能源机构、国际原子能机构、欧洲原子能共同体等政府间机构都致力于协调各国就能源方案开展合作，且供需法则仍然是这一方案的主要驱动力。因此，我们殷切地希望在最负盛名的国际会议上能有强大的政治力量来部署和跟进这个方案，从而将公认存在的环境限制因素整合到完善的"能源方案"中。如果说温室气体、重大核事故遗留问题以及建筑物隔热等都是全球性的限制因素，那么还有很多其他的限制因素是区域性的，甚至具有极高的地方性特征。这就决定了能源方案不可能只有单一的解决方案，而很可能有多种方案，甚至关系到每个人的日常生活。

众所周知，能源方案存在不同的物质来源。其中，第一项当然是"源项"，即能量来源。没有能量来源，就没有解决方案。很显然，我们必须首先了解"能源"的含义。现代化学之父拉瓦锡

(Lavoisier)曾说过:"不存在任何的消失和创造,一切都在转变当中。"这句话正好印证了我们的目标。事实也正如物理学家所说的那样,能量每时每刻都在转变中,我们需要吸取能量,从而能够获得和使用能量。例如,煤的燃烧,其实是煤的基本成分——碳原子(C)和氧气分子(O_2)之间发生化学反应,从而形成二氧化碳分子(CO_2)。此化学反应以热能的形式释放一定的能量,这也证实了最终合成的分子所具有的总能量比单独各项反应物所具有的总能量小。而在机械能的情况下,初始能量的来源可能更难以识别。我们将能够直接或间接使用的势能转化为动能,即驱使运动的能量,如磨机利用水的落差来转动轮子,发电站利用潮汐中的水流运动来驱动涡轮机。当然,我们也能够直接利用风力或水力来产生动能。实际上,风和水流本身是因地球上的昼夜温差或赤道与极地之间的温差而产生的。这就说明了初始能量的来源并不是风或水流,风或水流只是一种初始能量被转换后而产生的能量形式,其来源仍然是太阳提供给地球的不同区域的温度差异所带来的能量。后文中也将详细介绍关于此能量来源的细节。

从这些日常的例子中,我们可以看到总是有一个真正的初始能量来源,它与一个基本的物理现象相关联,然后通过一个或多个媒介来传递这种能量,再由一个或多个机制使其运作起来并为人类所用。初始能量的来源有时会比较隐秘且遥远,甚至可能隐藏在我们的星球之外。但能量的组合方式非常多,可以驱动并转换该初始能量,使其成为可直接使用的能量。例如,内燃机的工作原理表明,碳氢化合物的燃烧可以引起发动机的旋转运动,然后传递到车辆的车轮,最终转换为车辆的平移运动。人们还发明了用于车辆减速期间的动能再生系统,从而可以提高整体的工作效率。这让我们不禁联想到拉瓦锡关于热力学原理的格言及其折射出的现实含义:只有投入能量才能获取能量。能量是由初始能量来源转换而来的集合体,并且其在连续转换期间主要通过热量的形式进行分解。在此方面,任何能量在严格意义上都不能被认定为"可再生"的,因此能量应被看作为一种珍贵的物品。

接下来,让我们更深入地研究一下大自然为我们提供的最基本的初始能量来源。在还没有向各位读者介绍繁琐乏味的物理学、量子或相对论等相关知识和理论前,大家可以先去尝试了解一下我们人类所处的共同环境。我们生活的世界是由物质和光的粒子组成的,换句话说,围绕在我们身边的都是这些所谓的基本粒子。光粒子或光子的特征在于:它是零质量的,并存在一定振荡频率;它携带的能量与其振荡频率成正比。同样的,根据爱因斯坦的质能方程 $E=mc^2$(c 代表宇宙空间中的光速),所有非零质量的基本粒子,如电子、质子或中子,尤其是众所周知的质子,都携带有与其质量成正比关系的能量。

每个物质的原子都是由这些基本粒子组成的,基本粒子有一个原子核,其中包含了质子和中子(氢原子除外),其外包围着电子。核内存在一种"激烈的"相互作用,这确保了核的凝聚性,也保证了第一种初始能量的来源。这部分我们将在后续章节中进行具体的探讨。绝大多数分子都是原子的集合体,原子们共享分子的电子链,从而得以"衔接"它们自身。而产生这种凝聚效应的电磁力则对应为第二种初始能量的来源,物质中的基本粒子正是利用这种电磁力来控制化学反应的。另外,我们前面提到过的势能也是利用所有具有质量的物体之间都存在着引力这一规律来发生相互作用的。令人惊讶的是,我们使用的所有初始能源都源于核结构或原子结构之间的基本结合力,我们通过化学反应、核反应或引力反应来改变这些结构的组成,进而从中提取能量(当前的这个假设涉及前文提到过的可再生能源)。

我们已经讨论过所有燃料(木材、煤、气体、油)的"化学"特性,但需要补充的一点是,原子核重组反应后会产生能量,包括我们在核电站获取的裂变核能和源于热核聚变反应的太阳能(光伏或热能)。另外,我们会发现,风能也可以被归入到这类能源中,因为它是利用太阳能加热大气层,并使大气在全球范围内移动的能量。至于地热能,我们可以认为它是起源于地球的"心脏"和地幔,并间接地受引力的相关影响而生成的能量。关于"可再生能源"这一概念,我们认为这是一个非常拟人化和以自我为中心的概念,这与我们在一定时期内过度地使用或在控制范围内取用自然资源有关。但热力学的首要原则("不存在任何的消失和创造,一切都在转变当中")提醒我们,从严格的科学意义上讲,是不存在可再生能源的。

关于初始能量的来源,我们还需要知道最后一点,它涉及在各阶段释放的能量的数量级。围绕原子核的电子所需要的结合能，要比质子和中子结合在一起所需的能量小100万倍。因此可以得出结论，从原子核的核心获取能量是更高效和高能的，并且可以生成非常密集且强大的初始能源。例如，我们将在后文中讨论的核聚变，通过1克氢气的核聚变就能产生与燃烧8吨石油一样多的能量。对于我们竭力寻求能源的事业来说，这是一个具有强大吸引力的项目。

最完善的能源方案，必然是整合了能源生产、运输、储存和消耗的一个完整的链，我们发现必须优化每个能源项，才能置身于"可再生的"，或者更准确地说是"可持续的"状态。"可持续发展"这个词确实更可取，因为它可以更好地唤起人们协调好经济发展和资源利用之间平衡的意识。

为了实现可持续发展，能源生产必须"高效"，即在一定量的能源范围内，尽可能节约资源并尽可能保持清洁。一般来说，从距离（与初始能量来源的限制因素相比，这里的"距离"是不同的概念）的角度考虑，能量的传输必须保证单位距离可能存在的损失应达到最小化，同时还要考虑合理的资源消耗并最大限度地减少对环境的滋扰。其次，能量的储存必须保证是快速、紧凑、长期的，并且对环境和资源友好。最后，必须优化能源的消耗方式，使单次使用量降至最低，以及收取最小的用户使用成本。由此，就能源的开发效率、商业的盈利能力和用户的可接受度而言，能同时兼顾三者的能源链需要系统性和全球性的解决方案。

人类不能继续如此单纯地复制原本的能源生产方式，或者因偏爱某种能源而忽视对其他能源的进一步研究和开发，甚至忽视时间的紧迫性，并拒绝承担因实验失败而带来的风险，导致能源方案整体优化的滞后。如今，一个令人瞠目结舌的例子就是汽车的动力电池，它们在制造过程中产生的温室气体排放量基本相当于（甚至超过）将它们安装在车辆上使用后减少的温室气体排放量，更不用说为实现这些技术而大量使用的稀土资源了。因此，这使得汽车的动力电池并不具备长期使用的特性，也不具备地缘政治的吸引力。但是，在这个例子中，我们也不能据此就决定放弃电动汽车。相反，在过去几年中，电动汽车取得了巨大进步，我们现在需要深化研究以解决当前的难点问题。另外，化石燃料的使用情况在过去10年里也已得到了显著的改善,这要归功于对石油或天然气的深入研究,以及煤、石油和天然气开采技术或净化技术的快速发展。这些能源的开采和使用虽然使消费者的生活发生了翻天覆地的变化,但却对环境造成了灾难性的破坏。因此,近几十年来,各个领域的能源研究都在加速发展,并且整个能源链也不断取得重大突破。

无论是能源效率还是清洁度方面,火力发电厂和内燃机发电厂都取得了长足的进步。首先,虽然燃煤发电厂仍然是"生产"二氧化碳的"佼佼者",但它们也是全球大约三分之一的能源创造者和全球40%的电力生产者。得益于清洁煤技术和工艺的进步,燃煤发电厂大大降低了对环境的污染,并且也提高了煤燃烧的效率。煤炭行业的发展越来越依赖于二氧化碳的封存处理,因此它也正在着力于深化此技术的研究,以进一步改善排放问题。然而,新技术虽然在新建的燃煤发电厂中逐渐普及,但它们仍远未被推广到全球范围,相关技术的应用成本反而提高了该行业的能源生产价格。与此同时,燃气发电厂是迄今为止人类投入成本最低且最灵活的发电厂,这得益于我们称之为联合循环技术的应用,其在效率和清洁方面取得了令人瞩目的进步。传统的燃气轮机和蒸汽轮机都是最大化地利用燃气燃烧过程中产生的热量。当然,天然气行业虽也受到二氧化碳排放问题的影响,但该行业未来可以从储存技术的发展中受益。

在内燃机成为石油消耗主力军的现状下,人们往往只通过汽车石油消耗量的急剧下降来判断燃料的热能转换推动了现代车辆机械能效率的显著提高。在污染问题上,我们十分清楚,减少燃料消耗会减少温室气体的排放或减少危害健康的微粒的产生。然而,最近发生的事件似乎表明,全球的能源制造商有必要对发动机做出一些调整,以达到那些始终在技术或经济上无法保持一致步伐的环境保护标准。任何不顾环境后果的资源攫取都是不受待见的,正如前文提到的供需法则,供求双方就像是一对连体婴儿一样相互依存。

我们将在后文中继续深入讨论关于核电站及其相关领域的各类话题,通过讨论我们发现,核电站相关设施的性能及其安全性方面的研究已经取得了相当大的进展,这些都得益于核电站在过去几十年投入使用期间获取的经验,这促使其进行不断的优化。

能量转换的问题,特别是发电机和发电源之间的能量转换问题也得到了很大改善,转换技术和旋转速度的提升更好地适应了各种类型的能源,包括发电速度非常慢的发电源,如水力、潮汐或风力。

由于日益激烈的和极具竞争力的研究竞赛,太阳的辐射能和光伏发电之间的转换技术也在蓬勃发展。这项研究一方面是为了改良迄今为止产能和功率仍然较低的光伏板,另一方面,它旨在通过将这些技术应用在更加多样化的发电板中,或使发电板更透明、更灵活,从而将太阳的辐射能更好地整合运用到日常生活中。除硅之外,有很多新材料都被证实可实现大于25%的转换效率。我们可以看到,道路路面、屋顶瓦片以及日常生活中的各类物体都在利用太阳能板提供光伏能量。我们还注意到发电单元概念的出现,这些发电单元聚焦太阳能,并跟随太阳进行24小时运行,以完成电能的最大化生产。在瑞士进行实体试验的航空电子推进器正是这项技术的产物,瑞士通过太阳动力环球试验直接证明,飞行机载太阳能板系统可以提供飞行动力,此项技术具有极大的说服力和广阔的发展前景。

太阳能是物质直接吸收太阳辐射能并转化成热能的一种能源形式,无需通过太阳能板的转换。目前,兆瓦级的太阳能发电站已经在西班牙等一些地中海沿岸国家开始运行,与太阳能相关的项目正在摩洛哥等国进行开发。自此,太阳能已经成为全球多个领土面积大国的廉价能源之一。

以上这些案例虽然令人鼓舞,但能量传输领域的发展仍进行得很缓慢,甚至不那么显著。事实上,我们仍然依赖于大型的传统的布满陆地的电网。这里必须说明的是,这些电缆的能量传输损失取决于经过它们的电流,如果我们想要最大限度地减少这些损耗,就必须在非常高的电压下传输这种能量,所以我们只能将电缆移离地面并置于高空。这种高度的限制非常必要,将来可能会存续很长时间,并对电网结构带来很大的影响。

这些关于电网结构的研究是智能电网的研究中最有趣的一部分,其目的是尽可能地为特定的用户群体提供电能相关的生产、运输、消费方面的管理。实现智能电网的搭建,不仅需要开发必要的基础设施,如能源的网点、存储和建筑物的隔热等,还需要开展与能源的实际消耗情况和预测消耗情况相关的智能分析活动。这些让我们得以设想,整个城市能够实现全年电能自给自足,届时国家电网将仅仅作为一种应急方式存在。

至于其他能源载体的开发,尤其是汽油替代品的开发,令我们不得不提及氢气。因为氢气在氧气和空气中的燃烧可以被有效控制且具有不产生温室气体的巨大优势,所以这种能源载体似乎对未来的汽车行业有非常大的吸引力,从而成为一项非常热门的全球性技术研究的主题。然而,令这个巨大优势黯然失色的是氢气的生产和分配这两大难题,特别是合成氢气需要强大的初始能源,即利用国家或者地区多余的电能来生产氢气,从而成为智能电力经济管理系统的一部分。

与此同时,创新精神在发展节能经济的道路上熠熠生辉,在20世纪末的两次石油冲击期间,法国开拓了一些成功的且非常有前景的发展路线,并产生了一条广为流传的口号:"在法国,我们没有石油,但我们有想法。"实际上,有人估算过大约有50%的能源在车辆、住宅等效能较低的生活系统中被"浪费"掉。但是在住宅方面,还是有很多引以为傲的例子。例如,我们现在能够提供能耗几乎为零的住宅,在白天利用太阳能,并且通过有效的建筑隔热使人能够在家中以恒定的温度生活且不消耗任何能量;或者仅保留一些简单的供暖或使用应急的壁炉就足以帮助人们度过一年中最寒冷的日子。当然,减少人均能源消耗的最佳方法是杜绝各种各样的能源浪费行为。

1.3 人类对核能的追求

虽然在能源的相关问题上取得了上述进展并在全球范围内开展了深入的研究,但我们仍然面临着关乎未来社会体制和全球稳定的巨大挑战,环境和地缘政治因素主导着能源市场。能源的吸引力和经济利益对人类来说是前所未有的。此外,能源需求将在未来几十年内大幅增长,这是因为存在两个重要且不可避免的驱动因素:一是世界人口的增加,二是发展中国家迫切希望达到发达国家的生活水平。所有这些都促进了一级能源研究的深入和延伸,并且相关研究还需充分考虑当下的环境、资源和地缘政治等方面的制约因素。

因此,现在正是开启核能这一新篇章的时刻了,这一新篇章将介绍核能在节能方面的三项巨大优势。首先,当放眼全球并回顾一些过往的事例时,我们会发现对于人类社会来说,除了能够向周边分配各个低能量密度消费点(如光能、风能和小型燃气设备)之外,社会还需要提供至关重要的高能量密度能源。其中的主要原因是工业生产,例如,有极高电能消耗需求的重工业或铁路运输业就充分体现了要将数百兆瓦的电力合理地分配至国土之上。同样,大都市运转也是非常耗能的(如在照明、暖气、空调和电力交通方面),而我们无法提供足够的面积来安装太阳能和风能设备。

一个国家的经济发展离不开高密度的电力生产。能量运输体量不能太高,因为电能不可避免地会有损失,但恰恰相反的是,人们不用去考虑比当前更高功率的发电单元(从几百兆瓦到几千兆瓦电力),电力的运输也会随着功率的提高而提高,传输线中的能量不可避免地会有很大损失,且人们原本对高压缆线产生的电磁辐射的接受度就非常低。

说到通过核反应来产生电能,我们首先要了解核裂变能,它来源于核内部,也就是通过核的组成微粒(即质子和中子,一般称为"核子")形成一个新的结构来产生能量,这个新的结构主要取决于核元素的总数。因此,对于质量比铁原子更大的核来说,单位核子的凝聚能会随着核子数的增加而减少,当这些原子核与其他粒子(如中子)碰撞时,它们会分裂成更小的原子核,其结构也变得更加稳定。这种碰撞具有释放能量的作用,核反应释放的能量远高于通过燃烧这一化学反应产生的能量,因此核能被视为可以提供巨大能量的初始能源。核裂变反应堆的基本工作原理是收集这些由核反应释放能量转化的热能,通过热量产生水蒸气,进而驱动涡轮机,然后再通过发电机将机械能转化成电能,由此可以作为初始能源。

就自然资源而言,目前的核裂变能所利用的铀矿石分布得非常不均匀,这也就意味着核裂变能的开发无法摆脱巨大的政治因素和金融投资因素的影响。铀矿石资源非常丰富,足以确保核裂变相关产业的未来发展,现阶段,铀燃料可以使用几千年。另外,核反应效率不断提高,以及反应链中裂变材料可实现多次重复使用,从而可以保证核能的长久使用,呈现出鼓舞人心的前景。从环境保护的角度来看,众所周知,核裂变反应不会产生任何温室气体,这对于地球环境来说是一件极好的事情。

然而,核裂变反应会产生大量的核废料,而且大部分是放射性的,其半衰期①可以持续成千上万年,甚至十万年。因此,我们必须考虑到这一极为重要的事实,且必须完全掌握"燃料循环"的全部技术,以便完整估算此行业产生的社会效益和经济成本。从反应堆里产生的核废料的处理和燃料的储存,增加了技术的复杂性,提高了投入资产的成本。同时,由于核废料处理受到时间限制的影响,公众接受度的问题日益凸显。

在地缘政治方面,即便掌握的是民用核裂变技术,最终也可能用来为军事服务。即使这一论断也适用于任何其他的能源,但相比来说,我们对核能应用于军事目的具有一种特殊的共鸣。回顾前文,我们知道核反应释放的能量比烈性炸药(TNT)强一百万倍。实际上,原子弹的威力值就是以TNT千吨释放量作为计量单位的。我们经常发现,如果国际原子能机构(International Atomic Energy Agency,IAEA)等相关管制机构监管到位的话,那么某些国家的领导人一旦表露出想拥有核能主权,就会马上引发外交危机,且会立即成为头条新闻。从经济方面来看,核裂变电能的竞争依旧非常激烈,成本主要集中在基础设施上(投资和维护),燃料成本占比很小。然而,随着核电站核安全标准规范化,这种成本结构正逐渐地发生变化。

核裂变能和所有能源一样,需要投入大量资源,着力于增强其整体的吸引力和被接受程度。但是,如果涉及重核裂变的相关劣势,那么另一种核反应显然要好得多。事实上,如果人们可以通过大原子核裂变来获取能量,那么也可以通过轻核子聚变来获取能量。让我们来回顾一下原子核凝聚能的特点:它会随重核的核数

---

① 半衰期是指放射性元素的原子核有半数发生衰变所需要的时间。

增加而缓慢下降,反之,它会随轻核的核数减少而迅速增长。因此,如果我们可以成功地控制和利用小原子核在核聚变过程中释放的能量,特别是最小的氢核及其两个同位素①——氘核和氚核的聚变能,人们关注的长期放射性废料、核电站的安全、资源的控制利用以及与燃料供应相关的地缘政治等诸多方面的问题便可以得到缓解。正是核聚变这种初始初级能源赋予了宇宙中所有恒星所需的能量。这是从原子核中汲取能量的第二种方式,是半个世纪以来前所未有的全球共同合作下开展的伟大研究与重大探索,也是本书接下来将要阐明的内容。

---

① 质子数相同而中子数不同的同一元素的不同核素之间互称为同位素。因此,同位素具有相同的电荷数,但质量数不同。氢核由单个质子组成,氘核由一个质子和一个中子组成,氚核由一个质子和两个中子组成。

第2章　核能的故事

核能在某种程度上是以一种非常糟糕的方式开启了"生命"征程。19世纪末和20世纪初,令人难以置信的科技革命在第二次世界大战极具破坏性的疯狂中为世人带来了一种可怕的警示:原子弹成为上帝惩罚人类的工具,惩罚人类过度渴望那些能够危害世界的知识,以及一旦滥用就可能对人类造成永久性毁灭的科技。

当然,这个现代版的普罗米修斯神话是难以抹去的阴影。从那以后,任何关于核能的探讨都必须区分其是军事应用还是民事应用。人们唾弃这数百年来反复把知识和科技运用在战争中的行为,于是人们从此不再允许将化学用于炸弹的研发,也不再允许将生物学和医学用于细菌武器的开发。几个世纪以来,在战争和恐怖活动中,大量化学爆炸物被使用,但人们并没有因此而质疑其安全性。同样的,生物学和医学也没有因为用于细菌武器而受到排斥。

让我们回到惊心动魄的那天,日本标准时间1945年8月6日上午8点16分2秒,一颗代号为"小男孩"(Little Boy)的原子弹精准地被投放在广岛市一家医院上空。爆炸后的"小男孩"在不到一秒的时间内释放出相当于15000吨三硝基甲苯烈性炸药(TNT)的能量,顷刻间夺去了成千上万日本平民的生命,摧毁了方圆2千米范围内的一切,并导致在接下来的数十年甚至更漫长的岁月里,因冲击波及辐射危害而引发了不计其数的伤痛与疾病,以及当前尚未显现的核污染。

人类以这种最残酷的方式,在纷飞战火中发现了原子核内部所蕴藏的令人难以置信的能量。这甚至让当初原子弹的设计者们都感到无比震惊,也使得他们当中的一些人此后终身都饱受着精神上的折磨。匈牙利裔物理学家利奥·西拉德(Leô Szilàrd)是核链式反应的最初构想者,也是促成美国最终决定开发原子弹这种武器的源头性人物,他后来曾说过:"如果德国人把原子弹投在了我们这片土地上,那我们就有资格把他们送上纽伦堡军事法庭,并以战争罪的罪名审判他们,让他们被处以极刑并被绞死。"为了掌握这股非凡的力量,美国和德国之间展开了为期3年多的善与恶之间的竞赛,这次爆炸更是将竞赛推向高潮。

为了充分了解这场竞赛的"疯狂性",首先我们必须知道,内爆式钚弹的第一次核试验发生在1945年7月16日美国新墨西哥州的沙漠中,即在"小男孩"爆炸的21天前。5天后,1945年7月21日,杜鲁门总统正式决定为这一次的投射行动开启技术上的绿灯。广岛爆炸的"小男孩"是1939年美国发起的一项名为"曼哈顿计划"(Projet Manhattan)的秘密军事研究项目所取得的成果,并且这一计划促使美国政府在1942年投入了不计其数的资源。事实上,自第二次世界大战开始,利奥·西拉德和尤金·维格纳(Eugene Wigner)就警告罗斯福总统,对铀核的新认知,会让人们有理由设想一种比目前的常规武器具有更强大杀伤力的新一代武器。而且,越来越多的线索证明,当时的德国在这方面已经进行了非常积极的研究。谁最先拥有这种军事武器,谁就能粉碎他的敌人。没错,于是"小男孩"的投放便发生在1945年8月,但发生在了日本,因为德国在此前的两个多月便已宣布投降,所以柏林幸运地躲过了同盟国投下的核武器。

2.1 核能研究步入全新阶段

相比深入剖析第二次世界大战或者"曼哈顿计划"的各个历史时间轴,本书更为重要的目的是重新捋清楚我们做这些研究的初衷:哪些事件是划分发现和研究核能不同阶段的重要标志? 哪些人将这些科技成果运用在了新式武器上? 从古希腊到19世纪末,物理学家们的心中都会有一个图像：物质世界是由基本粒子——原子组成的。事实上，原子一词的词源（"Insécable"）就体现了原子不可分割的完整性特征。直到19世纪末，放射性物质的发现才打破了人类对此不可动摇的坚定认知。人们发现物质能够自发地发射粒子，从而改变自身，发生变异。在世纪之交发现这种全新物理学现象的伟人们分别是亨利·贝克勒尔（Henri Becquerel）、皮埃尔·居里（Pierre Curie）和玛丽·居里（Marie Curie）以及欧内斯特·卢瑟福（Ernest Rutherford），这里仅列举几位先驱作为代表。直到两次世界大战之间，人们才确信原子是由一个极小的带正电的原子核和若干围绕在其周围带负电的电子组成的，这样才形成了原子的中性结构。

同时，原子核被发现仅由两种基本粒子（核子）组成，没错，仅仅两种，分别是质子（携带正电）和中子（顾名思义，不带电）。最简单的原子核是氢原子，由单个质子组成。之后，门捷列夫元素周期表中各元素的原子核一个接一个地被发现：氦原子核由2个质子和2个中子组成，锂原子核由3个质子和3～4个中子组成，等等。值得注意的是，氦原子核很快就尽人皆知，被称为α粒子，它是最早被发现的一批存在自然放射性现象中的粒子之一，如玛丽·居里在铀矿石上观察到的粒子。元素周期表中的第三个元素锂，被观察到有两个同位素（具有相同质子数和不同中子数的原子核），分别是^{6}Li和^{7}Li，这两个同位素都很稳定。事实上，据观察，元素周期表中几乎所有的原子都包含一个或多个同位素，它们有些是稳定的，而另外一些又是不稳定的。

我们可以很简单地将其理解为，质子或中子等核子之间相互结合的力，在本质上跟质子与电子之间电的磁力非常不同，它被称为"强相互作用力"，能够克服质子之间强大的电荷斥力，使得稳定的原子核内部结构紧密地结合在一起，而原子核内部结构的紧密性似乎更巧妙地取决于其内部质子和中子数量的平衡。即便仍处于实验的初始阶段，我们依然发现质子的数量和中子的数量之间存在一个最佳的平衡点。科学家将这种平衡点称为"稳定山谷"（见图2.1）。

对于轻原子核而言，当质子数量与中子数量近似相等时，原子核内部可以达到稳定；如果是重原子核，那么中子的数量需要明显

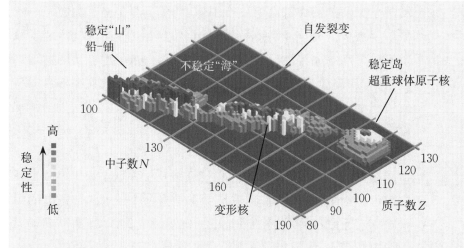

图2.1 稳定山谷

（图片来源：Valley of stability[EB/OL]. (2020-11-20). https://zh.wikipedia.org/wiki/%E7%A8%B3%E5%AE%9A%E5%B2%9B.)

多于质子数量，这样原子核内部才会趋于稳定。例如，稳定的铀原子包含92个质子和146个中子。如果一个原子核拥有的质子数和中子数相差很远，那么它就会变得不稳定，并且在一段或长或短的时间内自发分裂成几块碎片，同时以高速喷射粒子的形式释放能量，这就是天然放射性现象。通过实验，可以确定几种主要类型的放射线，每种类型都对应特定的核粒子发射：α射线衰变时，氦原子分解成一个或多个碎片；β射线衰变时，一个或多个电子从被改变的核结构中被发射出来；γ射线衰变时，一个或多个光子在反应过程中被放射出来。

1934年，真正值得我们关注的技术革命起源于由伊雷娜·约里奥-居里（Irène Joliot-Curie）和让·弗雷德里克·约里奥-居里（Jean Frédéric Joliot-Curie）夫妇共同在法国完成的一项实验。夫妇两人发现，利用α射线（本身来自天然放射源）轰击完全稳定的原子，会产生新的放射性，并且这种新的放射性在拿走最初的α辐射源时依然存在。也就是说，经过α射线"辐射"过的原子核变成了新的具有放射性的原子核，至此，人工放射性（又名"感生放射性"）诞生了。

这种人工放射性研究迅速开展，硕果累累，人们获得了大量的经验。几年后，就在第二次世界大战前夕，科学家们意识到了有可能实现人工放射性链式反应。实际上,如果选择重原子核材料,那么原子核在中子辐射下经过自身分裂才会产生中子。如果这个链式反应产生的中子多于其消耗的中子,在反应开始时只要有足够质量(称为临界质量)的这种易裂变物质,并且在反应过程中产生了不止一个中子,那么我们就具有了维持核裂变链式反应的基本条件,甚至达到超速反应的状态。至此,原子弹的基本原理建立了起来。后来,我们也确实看到"曼哈顿计划"只用了短短几年时间就已实现。这一时期对这一重大进展作出过巨大贡献的科学家,有德国物理学家莉泽·哈恩(Otto Hahn)、丹麦物理学家尼尔斯·玻尔(Niels Bohr),以及奥地利物理学家里斯·迈特纳(Lise Meitner),她是德国犹太裔女科学家,曾在1939年被迫流亡瑞典。当然,也有在美国这片土地上开展研究的物理学家,如恩利克·费米(Enrico Fermi)、利奥·西拉德和尤金·维格纳,以及法国的物理学家伊雷娜·约里奥-居里和让·弗雷德里克·约里奥-居里夫妇。

2.2 裂变能源的民用发电热潮

第二次世界大战后,美国、苏联和法国迅速掀起了裂变能源的民用发电热潮。早在1942年,芝加哥大学就已经在某种程度上展开了"曼哈顿计划"的早期研究,当时利奥·西拉德以及恩利克·费米把金属形式和氧化物形式的铀块与"中子慢化剂"(石墨块)一层一层交替堆叠起来,于是首次实现了核原料的组装,这种装置之后被称为"核反应堆"。慢化剂在这一类型装置中的作用是对核反应过程中释放出的部分中子进行减速和吸收,以防止这些中子因超速反应而导致不受控。这种安排使得反应产生的中子不会引发不一样的核,从而有效地维持了反应的进行且不会导致失控。

第一代反应堆中只是简单地使用了从矿石中提取的天然铀。天然铀包括铀-238和铀-235,每个铀-235原子核比铀-238少3个中子。真正用于核裂变的是铀-235,而不是铀-238。当铀-235吸收1个中子时,就会立即转变为铀-236。铀-236的结构不稳定,会以不同的方式发生裂变:一种是释放3个中子,产生氪-93和钡-140;另一种是释放2个中子,产生锶-94和氙-140。在这些例子中,我们可以清楚地看到这些同位素维持链式反应的可能性。天然矿石中铀-235的含量不到1%,要将其用于这种类型的链式反应,那么必须将矿石中的铀-235浓缩至3%~5%的水平,这就是我们接下来要讨论的铀矿的浓缩。

法国在这项研究中表现得毫不逊色,早在1945年,戴高乐将军(de Gaulle)就非常有远见地意识到核应用对于一个国家的战略重要性,对于军事独立和民用能源生产应用的重大意义,于是创立了法国原子能委员会(The French Atomic Energy Commission,CEA)。在时任总统樊尚·奥里奥尔(Vincent Auriol)的支持下和法国首位原子能高级专员弗雷德里克·朱利奥特(Frédéric Joliot)的带领下,法国历史上第一个核反应实验堆ZOE于1948年12月15日在巴黎郊区沙蒂永堡(Fort de Chatillon,CEA的第一个基地)实现首次临界。ZOE反应堆使用重水作为中子慢化剂,重水是由氢的同位素氘和氧组成的化合物。

与此同时,全球数百家实验室和裂变领域相关的企业开始寻找最佳的核反应堆裂变配置,以确保能兼顾核反应堆的高功率性能、安全性和可靠性。这促使全球核反应堆、核研究部门及企业组织陆续诞生,其中最早的便是美国西屋电气公司,它利用专利优势,很快地在市场上占据主导地位。除了美国建造的核电站外,法国和中国早期建造核电站的技术均起源于此。浓缩工艺(浓缩方法)也成为全球范围内许多机构的研究主题。使用最广泛的是气体扩散法和离心法,后者出于多种原因(尤其是经济原因)备受人们青睐。其他以铀的化学性质或激光束相互作用为基础的工艺和方法仍在研究当中。

如今,根据使用的燃料、慢化剂或传热流体的不同性质,人们将核反应堆划分为不同种类。对于是否通过控制中子速度来控制链式反应,可以把堆芯划分成两大类:一类是热中子反应堆,需要利用慢化剂在经过多次碰撞后减缓核裂变反应中中子的产生,同时又不吸收这些中子,从而激发铀-235或钚-239裂变。另一类则是快中子反应堆(简称"快堆"),不使用慢化剂减缓裂变反应中中子的产生,以力求使燃料中存在的重原子(如铀-238或钍-232)发生裂变,且这些原子不会被低能中子破坏。此类情况下,核原料储量丰富。直接使用铀-238具有很大优势,在使用前不必对燃料进行浓缩。因此,第二类反应堆,即快中子增殖堆,具有可从储量丰富的材料中产生裂变材料的特点,能够为核裂变能源拓展更为广阔的可持续发展空间。对于这类反应堆来说,核原料的使用年限可以按千年计算。在理论上,它还可以"燃烧"其他反应堆产生的放射性材料,最终成为核裂变反应处理链中产生的部分副产品,如钚-239。

目前,全世界有将近450座核反应堆在运行,且几乎全部都是热中子反应堆。快中子反应堆目前主要处于研究和开发原型样堆的阶段。

近年来,人们习惯将核裂变反应堆以"代"进行分类和归整,以便更好地单独区分它们所对应的技术演变和核安全阶段。

第一代反应堆是第二次世界大战后至20世纪70年代建成的反应堆。这代反应堆主要以英国建造的第一批热核反应堆为代表,比如在1956—2003年运行的科尔德霍尔(Calder Hall)核电站、塞拉菲尔德(Sellafield)核电站,又如由法马通公司(Framatome)得到西屋公司的专利,于1967—1991年在法国投入运行的第一座热中子反应堆Chooz A。另外,还有一类具有代表性的第一代反应堆,其堆芯就是所谓的UNGG,或称之为"石墨气冷反应堆",这是法国最早设计的反应堆,其灵感来自重水氧化铀零功率实验堆ZOE,20世纪50年代法国相继在马尔库尔(Marcoule)、希农(Chinon)、河畔圣洛朗(Saint-Laurent-des-Eaux)和比热(Bugey)建造了这类反应堆,这些反应堆在1968—1994年间陆续退役。

第二代反应堆,即20世纪70年代至20世纪末建造的反应堆。这一时期法国爆发石油危机,推动核反应堆得到了整体性的发展和繁荣。第二代反应堆建设正好处于法国大发展时期,直到今天,这一时期建造的核电站仍然是正在运行反应堆中的"主力军"。同样的,如今世界上运行的大部分核电站都属于第二代核反应堆。此类反应堆的典型代表主要有压水反应堆、沸水反应堆和改进型气冷反应堆。

1986年发生核事故的切尔诺贝利核电站使用的是俄罗斯设计的第二代RBMK 1000型石墨慢化沸水反应堆,这场灾难突显了这类反应堆存在的多方面缺陷,其中一方面是技术缺陷,但更主要的还是在此类设备的安全管理方面存在明显的漏洞,包括在事故发生时隔绝和屏蔽不同等级的放射性物质的措施,人工操作的安全性,以及监管机构的管控或危机管理。这一事故不仅仅对切尔诺贝利造成了严重的灾难,还对全世界的核能工业都产生了深远的影响。进入21世纪后,核能工业被严重地削弱。福岛核事故进一步揭示了这些问题,在这些情况和问题中,第二代反应堆的安全性有可能会在多个层面(级别)出现漏洞。

因此,除了提高国际安全标准、加强核电站运行控制力度、促进各国际机构间对该主题进行沟通之外,在设计第三代核反应堆时,也需要把主要精力放在开发、解决这些问题的技术性方案上,以最大限度地阻止甚至消灭引发意外和事故的各种原因。自切尔诺贝利事故发生后,各国于20世纪90年代开始设计第三代反应堆,并在2010年左右投入使用。比如欧洲压水式反应堆(EPR),目前在芬兰、法国和英国都有建造,其中第一座反应堆刚刚在中国投入使用。总之,改善核反应堆设计的首要目标是提高运营安全性和经济效益。

在快速回顾了核裂变反应堆发展的历程后,我们要谈的是学术界正在研究与开发的第四代反应堆,其主要指快中子反应堆。它的设计与运行方式跟前三代是完全不同的,但它的发展仍然要借助于前三代反应堆在安全性方面的经验积累。第四代反应堆的最终目标是设计出一种反应堆,既能直接燃烧丰富的材料,又能燃烧前两代反应堆的废料,并大大减少危害。第四代反应堆实验并不是完全崭新的探索,20世纪80年代起,快中子反应堆就已经在俄罗斯投入使用了,"凤凰号"研究原型堆已经在法国运行超过35年,它的工业延伸版"超级凤凰号"项目甚至在20世纪80年代中期就启动了,直到90年代末因政治原因而停止。

2011年以来,坐落于维也纳的国际原子能机构发起了一项名为"第四代核能系统国际论坛"的活动,旨在拓展和协调关于这一主题的全球性研究。该论坛已经就快中子反应堆提出了6种设计方案,目前全球的研发力量几乎全部集中在快速反应堆上。法国依托ASTRID装置,领导多方力量围绕其中一种设计方案开展国际合作。ASTRID项目最大化地改进了"凤凰号"反应堆的一些设计,尤其是选择将钠熔浆作为载热流体。

在目前阶段,就核能的可接受性这一有70年历史的普遍性问题进行更为深入的讨论,我们会发现,非常有趣的是,它始终带有一个悖论,无法与这一领域任何新的研究或发展割裂开来。

第二次世界大战后,虽然美国两次对日本使用核武器从而引起了震撼,但对同盟国来说,这是伟大的胜利,也让核能重建进程得到了快速的发展。也正因此,拥有原子弹成了权力和发展的象征,其很快成为某些国家间争夺霸权的武器。战争结束后,掌握原子能技术的5个国家直接进入了联合国安理会并担任常任理事国,这些国家分别是美国、苏联、法国、英国和中国。这个机构的成立不管是对战败国,尤其是日本和德国,还是对其他国家而言,都快速地关闭和高度封锁了它们获取核武器的通道和机会。联合国通过了一系列条约和协定,控制核扩散。因为很难防止学术知识的传播,所以必须建立极其严格的安全等级标准,快速地封锁获得核武器技术知识的途径,通过各种公开或非公开的、民事或军事的封锁来关闭获取增殖性材料、裂变材料的渠道,尤其是浓缩铀-235。当然,与此同时,也触发了美国和苏联之间的政治竞争,随后政治和经济影响力上的竞争很快延伸到了军备竞赛上。随着军备竞赛的不断升级,每个阵营中都建造了数量庞大的核武器装备,多到令人眼花缭乱,并且这两个超级大国还为其盟国部署了"核保护伞"。这场以真假信息构成的两个巨头之间的核威慑"冷战"一直持续到1991年苏联解体才终止。人类在此期间经历了数次重大的危机,其中最严重的危机是1962年古巴导弹危机。这让人们意识到,必要的时候,某些国家真的会直接使用核武器。第一阶段的核能"童年时期"(大约15年)完全集中在了"核武器和权力"刻画上,在这一阶段,大众对核技术的和平使用和潜在危害知之甚少。

事实上,对核能的封锁实际上只持续了十几年。国际原子能机构(本身属于联合国管辖)于1958年举行日内瓦会议,在该会议上启动了庞大的全球原子能促进和平计划,与禁令相比,这种在认知下建立的严谨的监督体系更加行之有效。这次会议的成果对和平利用核能具有决定性意义,之后有关核能的大部分研究得以解密面世,随后我们看到,在国际原子能机构的组织、监督及管控下,一项项强有力的国际合作诞生了。当然,解密只涉及与和平利用能源有关的一些知识和技术。相反,与核武器直接或间接相关的信息与技术领域的保密工作则变得更加严格。由此,公众开始或多或少地了解核能军事应用与民事应用之间的区别。

2.3　受控热核聚变带来希望

现在,终于是时候介绍这个故事中的最后一位家族成员——热核聚变了,它就是让恒星闪耀的核聚变反应。事实上,第一批核弹使用铀,甚至钚的裂变原理——一般笼统地称之为原子弹,随着军备竞赛的不断升级,军方很快研制出一种具有更强大威力的炸弹。它涉及氢的两种同位素的聚变过程,分别是氘(重氢^{2}H)和氚(超重氢^{3}H),这一聚变反应中释放出的能量比重原子核裂变产生的能量还要巨大,并且这个过程不是链式反应。聚变的发生来源于一个氘原子核和一个氚原子核在超高速条件下相遇,从而产生了一个具有极高能量的中子和一个氦-4原子核。这个反应不会产生持续的核聚变。此外,只有在高速条件下,并有大量的这两类原子核频繁相遇时,才会发生这种反应。因此,氘-氚的混合态必须处于非常高的温度中且足够致密,也就是说它要处于超高压状态(压强就是温度和密度之积)。这里我们所说的温度是恒星中心的温度,它在数千万到数亿摄氏度之间。于是,挑战出现了。最直接和最快速地获得这种氘-氚混合态的温度和压力的方式是将其放在原子弹中,原子弹爆炸时会导致混合物被快速压缩,让它达到核聚变反应的发生条件。由此,氢弹的制作原理正式问世。在1949年8月29日苏联第一枚原子弹爆炸后,美国为了保持其领先地位,决定沿着研发氢弹这条道路前行,并在1952年11月1日宣布第一颗氢弹成功爆炸。随后,苏联也成功研制出氢弹。

让我们回顾一下1958年的原子能促进和平计划。很明显,公众都还没有真正弄清楚原子弹和氢弹的区别。但当时研究人员已经意识到,为达到和平目的,不但要探索如何控制核裂变的能量,而且要探索如何控制核聚变的能量。1958年的日内瓦会议对核物理的这两个分支(核裂变和核聚变)进行了解密。因此,我们说,它为人类了不起的研究探险——受控热核聚变,打开了一扇充满希望的门。

第3章 核聚变能

在核物理发展史上，核聚变原理的发现，其实要先于对放射现象和核裂变原理的认识。但不得不说，尽管人类掌握核裂变技术已近大半个世纪，但仍未能完全掌控核聚变能。当然，其中的原因有待详细解释。

3.1 核聚变原理

核聚变的基本原理是：核子包括质子和中子，而质子和中子能够结合，组成新的原子核结构。在这个过程中，需要克服质子之间的正电荷排斥（或称为库仑斥力）。这在当时是十分令人惊讶的，因为人们早就知道带电粒子之间的排斥力与距离的平方成反比，所以当带电粒子之间距离减小时，库仑斥力会无限增加。因此，一定存在另一种相互作用的"核力"使核子互相吸引。这种"核力"必须比库仑斥力更强，并且作用距离很短。经测量，这种力的强度实际上比带电粒子之间相互作用的电磁力大数百倍，而且作用范围极小，仅相当于原子核的半径那么小（10^{-15}米，即1费米），这种新的相互作用最初被描述为"基本相互作用"。但从20世纪末开始，我们发现核子并不是基本粒子，它是由现在众所周知的更小的夸克和胶子组成的。

绝大部分的"基本相互作用"用来控制夸克和胶子之间的稳定

关系,只有极小的一部分用来确保原子核内部的聚合力。而在物质中联系最紧密的成分之间的相互作用中,我们发现每个夸克自身都携带一种有"颜色"的符号(可能的颜色有:蓝色、红色和绿色),并且可以通过一个携带同色和反色的胶子与另一种夸克进行颜色交换。因此,当"蓝反红"胶子与红色夸克相互作用时,可以将红色夸克变成蓝色夸克。根据这个超微观世界里的规则,一个核子必然由三种不同颜色的夸克组成。因此,如果从足够远的距离看核子,那么它会呈现出强相互作用意义上的"中性",即显现为"白色"。这里再次说明,这里的"足够远的距离"也就是前文提到的强相互作用距离。所以说,强相互作用是原子核内聚合力的来源,其本质是原子核各成分在彼此范围内相互作用的力。如果两个核子离得太远,那么它们就无法进行强相互作用,甚至会相互分离。

为了能更好地理解上述"颜色"或"胶子"的概念,我们可以用一个更熟悉且更简单的概念,比如用电磁相互作用力来作类比。在电磁相互作用的情况下,对其作用敏感的粒子携带电荷(只有正电荷或负电荷两种情况),它们通过交换光子来相互作用。光子本身是中性的,可以理解为一对正电荷和负电荷同时存在。最后,没有带电的粒子,如中子,就会对这种电磁相互作用不敏感。

但是,想要真正理解核子之间的聚变,仍然需要用第三种基本力来补充原子核中存在的力场,即所谓的"弱相互作用力",其强度比强相互作用力小100万倍,且作用范围仅是强相互作用的千分之几。尽管这种弱相互作用只能存在于核子内非常紧密的结构中,但它在核聚变过程中扮演着至关重要的角色。在核内,这种弱相互作用可以将质子转化为中子,这个过程称为"正β衰变"。这使得两个质子在高速碰撞时,有可能形成最小的核,即由质子和中子组成的氘核。

为了使下文停留在一个简单的物理图像中,我们应了解,如果要改变原子核的结构,那么必定会运用到以下三种相互作用:首先是如城墙般围绕在堡垒(原子核)周围的电磁相互作用。原子核在运动速度不够快时,就会排斥质子和其他原子核。其次是强相互作用。它会在原子核内部形成陷阱,当质子和核子穿过电磁力组成的堡垒时,就会使得核子之间紧密结合。最后,弱相互作用可以改变核子的属性,从而使其完成自我转化。

早在1919年,法国物理学家保罗·郎之万(Paul Langevin)和让·佩林(Jean Baptiste Perrin)、英国物理学家亚瑟·艾丁顿(Arthur Eddington)和其他几位同样拥有相对论和当时相对较片面的量子物理学知识的物理学家们提出了猜想:由氢云组成的恒星可以通过自身质量的压缩来引发聚变反应,并释放巨大的能量。现在我们终于掌握了解释这一猜想的钥匙。但直到1932年,英国物理学家詹姆斯·查德威克(James Chadwick)才在实验中发现中子的存在。也正是这个实验使他赢得了1935年的诺贝尔物理学奖。最后,让我们回到弱相互作用的部分,因为它可以使核子完成自我转化,所以会间接参与到重核的核裂变反应和放射性反应中。虽然本书的后文部分可能会让读者认为核裂变和核聚变之间存在一种(良性的)竞争关系,但物理学其实在提醒我们,两者之间的关系就如同是同一面镜子的两面。

因此,在这一点上,我们可以进一步了解人们为什么会将核聚变和核裂变放在对立面上,或者将它们完全区分开。如前文所述,没有任何力量能限制由轻核融合成重核或者轻核如重核般的破裂,我们也并没有谈到限制轻核融合为重核或者直接破坏轻核或重核的构成。更进一步,我们甚至可以说,大自然本身创造了充斥于整个宇宙的数百种不同的原子核,也就是门捷列夫的元素周期表上列出的那些元素。然而,如果没有轻核的融合,那么大自然是怎么做到的呢? 事实上,在最初的宇宙大爆炸之后,宇宙中这些最原始的成分逐渐形成了物质。随后,第一个核——氢核出现了,氢是宇宙中最丰富的元素,它形成了巨大的"云"。这些云状物受引力的压缩,逐渐形成恒星,这也使氢核有可能聚变成为更大的重核。

另外,比铁轻的原子核的聚变反应也可以释放出大量的能量,这些能量既能维持恒星所需的热量,同时也能保证核反应的持续进行。这种现象被称为"核合成"或"核聚变",它证明了在恒星中存在着比铁核更轻的原子核。但同时,我们也观察到了质量远远超过铁的原子核。由此,不得不说到第二种物理机制,在这个过程中会出现中子捕获,这就解释了在宇宙中观测到的各种原子核的产生过程。恒星这种超大的物质制造工厂通过"爆炸"这一形式来把物质散布到整个宇宙。

关于核反应的能量平衡，我们可能需要引入一些新的概念。前面我们将原子核比喻为堡垒，这样一个简单的物理图像应该会便于大家理解。众所周知，电磁力和强相互作用力之间的平衡最终决定了堡垒的围墙高度，而这个堡垒的内部可以被看作为一个能够限制核子的空间。因此，从逻辑上讲，当核子很少时，把一个个核子插入这个堡垒是很容易实现的。这种核子的积累正是我们先前提到的核聚变和中子捕获过程。然而，与任何封闭的空间一样，堡垒限制核子的能力在逻辑上必然具有其局限性。实际上，人们可以很直观地理解这样一种可能性：当原子核被挤爆的时候，会释放出大量的核子以及组成核子的其他粒子。因此，当核发生裂变时，无论是自发的还是诱发的，都会发生这样的情况。

为了完善我们的物理图像，需要通过几个重要的观察，对原先简单静态的物理图像进行补充和丰富。一方面，相比质子，因为中子不带电，所以堡垒墙壁的作用对它来说是不同的。中子可以穿透墙壁，从而更容易地深入堡垒。另一方面，对于对强相互作用或电磁相互作用不敏感的粒子（如光子）来说，墙壁则是完全透明的。此外，墙壁的高度会随着堡垒内分子的填满或清空而发生改变；事实上，它既取决于核的总电荷，也取决于核的数量。并且，根据量子力学的隧道效应，墙体是"多孔的"，也就是说，粒子可以通过"贯穿壁垒"的方式进出，而不需要足够的动量去翻越墙壁。最终，在弱相互作用的推动下，堡垒内的"内斗"会不断改变困在堡垒内的分子的性质，且随时可能改变整体平衡，甚至将整个核结构都置于危险之中。这种权力博弈，并不亚于《模拟城市》和《权力的游戏》，展现出了核反应的特点以及其他引人注目的亮点。这是20世纪"视频游戏"创作者日夜梦想的作品，也是有待当代核物理学家竭力探索的一条道路。

接下来，我们来谈谈这些"内斗"引起的原子核运动的两大主要规则。第一个规则可直接通过门捷列夫的元素周期表来展现，主要涉及弱相互作用。它指的是：存在一个原子核的稳定谷值，而根据质子数量，这个谷值可以基本确定中子数量。如果试图极力去改变这种平衡，那么产生的核是不稳定的，且会或多或少地迅速分解，这种放射性现象通过三个主要衰变途径，分别为α衰变（氦原子核的放射)、β衰变(负β放射情况下电子的放射,以及正β放射情况下正电子的放射)和γ射线(光子的放射)。如果我们将注意力放在元素周期表排在最前面的那些元素,那么我们首先看见的是单个质子组成的很稳定的氢核。其次,同样稳定的还有由质子和中子组成的氘核。再次,看到的是由1个质子和2个中子组成的不稳定的氚核。氚核通过放射电子进行衰变(发生在弱相互作用和β辐射过程中),并形成由2个质子和1个中子组成的$_2^3$He原子核,而$_2^3$He原子核则是稳定的。这种衰变的时间周期或半衰期是12.32年,半衰期指的是一半的氚核转变为$_2^3$He原子核所需的时间。鉴于氚核的半衰期特点,它可以作为核聚变的燃料。但因为其衰变期无限短,所以相比于宇宙中的其他燃料而言,在地球上很难找到它。因此,在把它作为自然资源前,应先将它创造出来,后文我们会详细地谈到这部分。最后,看到的第四个核是氦-4,或者说是α粒子,它由2个质子和2个中子组成,也很稳定。

需要记住的第二个规则是核反应本身的能量平衡,它与强相互作用的物理特性有关。每个核包含的质子和中子本身的质量之和与其原子核实际质量之间存在能量差异。根据爱因斯坦著名的质能方程$E=mc^2$,可以解释这个"质量差"的含义,即质量与能量是等价的。也就是说,将原子核分离成单独的各种质子和中子需要吸收能量;相反地,原子核分离后的重组会释放能量。如果在稳定谷值的原子核中去追踪这种结合能,我们会得到一条与核子数量相关的倒置的钟形曲线,这条曲线的变化规则是随轻核的数量增加而递增,在$_{26}^{56}$Fe核(由26个质子和30个中子组成)处达到峰值,最后又随核子数量的增加而缓慢递减。

该曲线表明,在稳定谷值较大的核结构中,只要不超过一定的尺寸(在本例中为$_{26}^{56}$Fe核),轻核聚变成为重核的过程中存在净释放能量。这种核反应将核结合能的低能元素转化为具有较高核结合能的元素,从而获取这种能量。这里,我们说到的就是"放能"反应。另外,如果结合组成的原子核质量大于铁原子核的话,那么就会出现净损能量。这就是"吸能"反应。概括来说,如果分裂一个比铁更小的稳定核,那么就会产生净损能量;如果分裂一个更大的核,那么就会出现净释放能量。由此,我们发现产生核能的两种可行途径之间存在一种对立的物理转换:核裂变能是通过中子轰击,使重核碎裂时释放的能量,轰击主要是由放射中子引起的;而核聚变能则是利用核子结合成轻核过程中释放出的能量。后文中提到的核结合能曲线也表明,虽然裂变反应释放的核能已经相当可观,但聚变反应所释放的能量却更为巨大,所以后者对于人类目前比较低效的能源发展现状来说,具有无法言喻的吸引力。

大自然本身就很好地证明了这一点。如果我们超越地球、站在宇宙的高度来看,那么会发现整个宇宙都在"燃烧着"聚变能,并且这个过程已经持续了数亿万年。更确切地说,按时间顺序排列,宇宙首先必须在空间上进行足够充分的扩展膨胀,然后,在众所周知的大爆炸结束后得到冷却,之后才会产生基本物质即基本粒子,再然后是质子。自此,上述的几种基本相互作用力逐渐区别开来,从而使这些物质的产生成为可能。现在,我们就要谈到第四种也是最后一种基本相互作用力,也就是万有引力。万有引力可以使巨大的氢云聚集形成,然后这些云团会在自身质量的作用下压缩崩塌,从而达到引爆第一批核聚变反应的条件,以便能逐个"照亮"我们宇宙中数千亿个星系当中不计其数的恒星。前文描述的聚变-裂变的对立转换也生动展现出了恒星产生与消亡的过程。事实上,万有引力作用触发了氢云所含的氢核的聚变反应,由此就能够"照亮"一颗恒星。但在恒星的生命周期里,因为氢被消耗,就会有新的核反应被激活,所以恒星不可避免地由越来越大的原子核所组成。如果没有出现意外的情况来打乱恒星内的核聚变反应,那么在几十亿年后,恒星最终将只由铁核组成。然后,恒星的核聚变反应会停止,并且在爆炸之前就会"熄灭"并自行坍缩。这种情况涉及一类质量为太阳8~10倍的巨大恒星。在恒星最终坍缩的阶段和超新星最后爆炸的阶段,我们称其为红巨星或红超巨星。

3.2 人类竭力探索核聚变能

如今,为探索核聚变能,正如前文所阐述的那样,人类一直在竭力寻找并掌握那些能点亮我们地球上"小太阳"的必要和充分的技术条件。

"他们是疯了吗?"人们可能会这样反驳那些科学家。从某种程度上说,这个想法的确很疯狂。事实上,人们想成为能掌握神圣而又神秘的太阳之火的现代版普罗米修斯,这难道不是一个几乎不可能的挑战吗?如果我们去咨询天体物理学家,他们会警告我们不要尝试去挑战。我们伟大的太阳在约45亿年前成功地实现了核燃烧,但木星就是一个典型的核燃烧失败案例。原因很简单:木星质量太小,无法触发这样的核反应。木星这个巨大气状体的自引力引起的自我压缩不足以产生彼此足够接近的氢核,所以就无法克服著名的库仑斥力而成功地穿越核堡垒的墙壁。然而,通过任何一本百科全书都能了解到,木星是迄今为止太阳系中最大的行星,它的体积比地球要大上1000倍。

那该怎么办呢?如何"小型化"一个恒星,如何缩小它的体积直到人们在实际中可以制造和使用它?这是我们必须攻克的一个问题,以便更好地解决核聚变科学研究中的争议问题。如果第一个核聚变反应堆诞生了,那么毫无疑问,它将代表着人类终于实现了最大比例的恒星"小型化"。这样的反应堆占地面积最多几十公顷,功率最多几千兆瓦,但它生产的电力基本相当于目前现有的发电厂发电量的总和。这项研究中,占地面积和功率上的限制不可避免地会受到人文和社会方面的制约。另外需要说明的是,太阳和这个迷你人造太阳之间的体积之比必须介于24个数量级[①](磁约束反应堆)和33个数量级(惯性约束反应堆)之间!即使人类一直有模仿、复制或征服大自然的野心,但也从来没有遇到过这样一个令人头晕目眩的巨大挑战。这个挑战足以将人类以往或近期所做的那些"伟大"探索降级到非常初级的幼儿游戏水平,相比之下电子学中的小型化仅仅是初学者水平。

核聚变研究不只局限于令人激动的科技层面,对于这项研究的每位参与者来说,这更是一个神圣的使命——对如何掌握恒星的能源进行探索。在人类所经历过的挑战当中,能与之相比肩的,应该只有20世纪下半叶开始的人类征服太空的计划。几十年来,

①"数量级"是指相同物理量的两个值之间,以10为底数来划分级别。如2个数量级是100,依次类推,1毫米到1米之间有3个数量级,1毫米到1千米之间有6个数量级。

对这一类愿望的追求将政治家或决策者、研究人员和普通民众无比紧密地联系在一起。它还成功地跨越了文化差异和国别界线，将数十种不同领域的职业和科学技能紧密结合，并赋予核聚变研究发展以坚韧持续的动力，从而使已经发展了半个世纪的核聚变研究将有可能再持续一个多世纪。毫无疑问，如何控制核聚变，是人类伟大的科学探险之一。

物理学为触发核聚变反应、实现恒星"小型化"提供了几条途径，现在让我们揭开这几条途径的面纱。触发核聚变反应首先需要引起2个轻核之间足够强烈的碰撞。要做到这一点，必须加速其中1个或2个核，从而使它们达到足够高的相对速度。这可以通过靶向粒子加速器来实现，或者更简单地通过加热或压缩聚变原子核来实现。在第一种方案中，举个例子，我们可以通过电击氘气体来打造氘核源。电击作用可以使电子从全部或部分的原子中分离出来，从而释放原子核。然后，这些原子核穿过2个具有特定电位差的金属栏，利用这2个金属栏之间的自由空间来进行静电加速。由此，创建并加速1个快氘束。接下来要做的就是将它对准富含氚的靶心。同样的，在第二种方案中，我们可以设想将氘和氚混合在一个容器中并"加热"它们，直到温度足以触发原子核的核反应。从物理学角度来看，粒子速度意味着动能。再通俗一点地说，我们一般将一团粒子的动能称为温度（基本为常量）。因此，我们必须控制的关键参数是能引起核聚变反应的原子核的温度。自然界提供给人类最简单的聚变反应就是氘氚反应，要实现氘氚反应，温度须达到几亿摄氏度。而这就是我们要面临的控制核聚变反应第一个参数的挑战。

但是，当真正谈到能源生产的经济意义时，我们必须知道，我们正在寻找的不是仅仅一个或几个核聚变反应，而是会有无数个核聚变反应同时进行且持续进行的情况。这就意味着不但要确保原子核有足够的温度进行聚变，而且要确保每个单位时间内都有"足够"的反应次数。因此，实际上，每个单位体积聚变的原子核数量，即这些原子核的密度，是控制核聚变反应所涉及的第二个重要参数。

最后，无论我们走哪条道路，还有第三个也是最后一个关键参数，它和前两个参数一样，都反映了在群体性和热力学方面的核聚变控制问题。关于这一点,可以想象将一锅冷水放在一个点燃的燃气炉上,我们的目标是使它沸腾。常识和日常经验告诉我们,煮沸1升水仅需要几分钟即可。但是,如果锅中装的水不是1升水而是10升水,且燃气炉的火力并没有变化,那么会发生什么?常识又告诉我们,这可能需要更长的时间,但目标总会实现。于是心急但脑袋灵光的人们会从壁橱里拿出锅盖并把它盖在锅上,这样就会加快水煮沸的进程。然而,如果进一步加大水量这个参数,比如锅内含有100升甚至1000升水,那么我们会发现在同样的炉火条件下,煮沸这么大容量的水所需的时间会以惊人的幅度成倍增加。并且,如果锅上没有盖子,窗外还在不断地吹入冷空气,那么即使有无限的耐心去等待,水也很可能永远不会沸腾。上文所述的日常生活经验涉及了一个极其重要的概念,那就是加热过程中的"能量约束"。

同样的道理,当我们给浴缸注水时,只有在底部排水口被堵上或漏出的水量小于水龙头注入的水量时,水才能注满浴缸。因此,加热一个物理装置,必须保证能量输入的速度比能量损失的速度更快。在没有任何外部能量输入的情况下,一定量物质的能量自然减少至原本的2.72倍(2.72倍就是欧拉常数)所需的时间称为相关物质的"能量约束时间"。我们需要知道的是,它实际上是对这种物质绝热能力的量化,如果物质的能量约束时间越长,则说明物质与其环境之间的隔热效果越好。对于物理学家来说,盖上锅盖就是增加了锅的能量约束时间。

现在,我们可以将所有的参数组合在一起,从而发现一个装置实现和维持聚变反应的条件:"必须确保一定量介质的温度、密度及其能量约束时间之间的三重积达到或超过某个固定的阈值"。如果高于该阈值,则聚变反应是足够活跃和频繁的,并且其介质的热力学条件使反应可以持续进行。该理论是基于同时考虑物理学和热力学而提出的,其确切的阈值则是于1955年由英国物理学家约翰·劳森(John Lawson)在哈维尔工作时提出的。当时核聚变的研究正处于刚起步的阶段。现在,我们把这个理论称为"劳森判据"。

当然通过"劳森判据",我们除了知道劳森这个名字以外,更重要的是该判据为我们提供了可能会解决恒星"小型化"问题的方案或思路。

我们首先需要知道,介质的温度不仅与其他两个参数一样重要,它还起着特殊的作用,因为每个聚变反应都需要有一个最佳温度的反应截面[①],所以在该温度范围附近放置介质就显得尤其重要。因此,我们可以舍弃"冷聚变"[②],因为冷聚变在密度和时间的约束力优势无法完全弥补原子核必须先相互聚集并克服库仑斥力所需的作用力的劣势。另外,"劳森判据"中密度和能量约束时间的变化不像温度那样受限,这为我们提供了各种可能的研究方法。我们可以尝试单独调整其中的一个参数并使其最大化,也可以将两者一起调整。因此,如果人们试图尽可能多地压缩氘-氚混合体,那么即使它体积很小,能量约束时间很短,也依然能够引发聚变反应。此外,如果此混合体的压缩可以非常迅速地进行,我们称之为"绝热"压缩,就会引起密度和温度的同时增加,那么这些措施和假设对于解决聚变问题的方案来说会具有明显的优势。这第一种方案被称为"惯性约束下的核聚变",法语简称为"FCI"。我们在后文中还会再谈到这一点,即在很小的体积里通过非常快速地压缩氘-氚混合体来触发核聚变反应,这是最直接、最容易实现的"小型化"方案。在这个方案的研究中,目前获得的氘-氚混合体的密度约为每立方厘米几百克(大约是固体密度的几千倍),而能量约束时间为几十皮秒(一皮秒等于一万亿分之一秒)。这就是氢弹的基本原理。然而,如何控制它并实现民用,这让科学家在科学和技术上都面临着极大的挑战。

反之,人们可以尝试通过保持合理甚至较低的密度,来最大限度地延长能量约束时间。从稳态的角度来看,这种方案明显更具有前景,但它同时又受制于聚变装置体积的大小。与过去以固定方式触发反应的方法相比,这种方法更有发展前景,但是由它触发

① 核反应截面是与该反应过程中粒子相互作用的概率大小直接相关的物理量。

② 冷聚变是指在室温条件下、不经过等离子体的情况下,将小原子核(如氘和氚)聚集在一起的核反应。从所谓的介子聚变到利用晶体结构的特性,几种途径都进行过探索。介子聚变是指将介子融合到分子中,用介子取代电子,从而使原子核更紧密地靠近。冷聚变尽管曾进行过几次实验并引发宣传上的轰动效应,但至今仍没有出现令人信服的证据。

的反应却有受体积大小限制的缺点。实际上,为了延长能量约束时间,最好的方法难道不是在加热的同时将它与周围的环境进行最大化的隔离吗?这一原理就如同锅上的盖子。显然,增加能量约束时间就是要找到一种能够"长时间""保温"并能承受千万摄氏度或更高温度环境的"锅"。然而,我们都很清楚,在超过几千摄氏度的高温环境下,任何物质都会熔化或升华①。因此,我们必须提供一个开创性的方案来解决隔热的问题,以创建有效的环境条件。这也是开发核聚变能面临的众多挑战之一。

为了能了解这种反应是如何实现的,让我们从微观的角度来研究热量的问题。当两种介质接触时,如果第一种介质将能量传递到第二种介质,则称第一种介质比第二种介质更热。从微观的角度来看,这种能量转移将以两种可能的方式完成:通过电磁辐射流转移能量和通过粒子流转移能量。由此可以得知,蜡烛的火焰是因发出红外辐射而看起来很热,尤其是通过气体的热运动使蜡烛燃烧并通过化学反应并达到数百摄氏度,且火焰的上方温度会更高。如果我们用手从侧面或顶部靠近它时,会发现这种火焰的温度是完全不同的,具有非常强的各向异性。因此,可以看出,火焰和手之间的热交换是通过热气体流动上升来进行的,并伴随着各向同性但是较弱的电磁辐射。

如果我们要保持热源散发的热量,那么就必须限制、阻止或者尽可能地阻碍这些粒子流和辐射流的流失。因此,要增加在任意介质中的能量约束时间,就要防止这些粒子流和辐射流流失到外部环境,尽可能地将其与环境隔离开来。

当然,想要阻挡光子或像中子这样的中性粒子并不容易。事实上,只有物质(无论密度为多少)可以作为阻挡物。因此,我们必须首先在核聚变反应的介质四周制造一个"瓶子",瓶壁必须具有足够的抵抗力,以使得散逸的中性辐射流(中子或光子)可以被组成该瓶壁的成分发生的核反应吸收。这种类型的外壳通常是金属的,必须可以进行主动冷却。这个"瓶子"的制造技术必须是经过千锤百炼并得到过验证的,同时能够将每平方米数十万甚至几百万瓦的功率分流。这是对"瓶子"的第一个限制要求。

---

① 升华是指物质直接从固态变化为气态。

但是，就像蜡烛的例子一样，除了第一个限制外，还有一个更严格、更局部的限制：由核聚变产生的几千万摄氏度高温的粒子会从芯部传到瓶壁上，除了要让瓶壁能承受这些热流以外，还要竭尽所能地延长这些粒子的能量约束时间，从而使其冷却速度不会太快，进而使聚变反应得以持续。自从核聚变研究开始以来，盛行至今的诀窍其实是利用带电（正负）粒子与磁场之间的相互作用。

确实，进入磁场的带电粒子会受到一定的力，迫使其沿着磁场线进行螺旋状运动。该螺旋线的螺距取决于粒子沿着磁场线运动的速度，而螺旋线的半径既取决于粒子垂直于磁场线运动的速度，也取决于磁场本身的强度。一方面，对于一定量的粒子能量来说，磁场越强，螺旋线的半径越小，粒子更易被迫"黏附"到可以捕获它的磁场线上。而另一方面，如果粒子沿着磁场线运动，那么就会保持着自由移动，并不受任何约束。因此，如果我们知道如何在空间中组织磁场，使得磁力线首尾相连，那么就可以形成一个绝缘的磁空间，这是一种能够完美地约束等离子体和带电粒子的"热水壶"。当我们在工作中去实施这个方案时，这个图像会变得更复杂。这个非常简单且有效的原理，是所有磁约束核聚变研究的基础，我们现在将进一步探索这条道路的细节。在描述这种核聚变方式的文献中，经常使用法文 Fusion par Confinement Magnétique 的缩写"FCM"，即"磁约束核聚变"。在这一方案中，我们发现氘-氚混合体的密度仅为每立方米几千分之一克，但是它的能量约束时间却长达几秒钟，这样就能弥补密度过低的不足。

说到这里，我们有两条途径可以使恒星"小型化"和"被驯化"，但到目前为止，我们还停留在纯科学讨论甚至于"神话"讨论的阶段，并没有实际的能力来实现它。也就是说，既然存在更简单、更容易实现的解决方案，那为什么人类要执着于把恒星放在一个盒子里来生产能源呢？且先不说我们在有关能源转化以及我们每天在能源消耗和能源管理方面所经历的变化和变革，现在亟须讨论的是如何掌控像核聚变这样的核能。从根本上说，聚变能的使用是民用核能发展中一条截然不同的道路。如果回顾本书第2章所提的观点，我们能够看到核聚变反应堆和目前的四代裂变堆在几个方面的截然不同，我们将在后文中展开论述，讨论这些不同。

核聚变产业的第一个优势涉及燃料本身和反应产物。裂变反应堆消耗的是铀(或类似的重元素),它会产生中子和大量半衰期长短不一的放射性产物,并且这些产物必须得到妥善处理和储存。而聚变反应堆消耗的是氘和氚,会产生氦和中子。氘是氢的稳定同位素,必须由人工生产的氚则具有很短的半衰期。聚变反应堆的基本原则是,必须通过反应产生的中子,在聚变反应燃烧室内直接生成氚。当前正在开发的各种工艺中就包括用富含锂的材料来构造氘-氚混合体的反应堆墙壁,即围绕着反应介质的产氚包层。在此包层中,由聚变反应产生的中子与锂核之间的碰撞会产生一个氚核和一个氦核。这样我们就能直接地将产生的氚再次注入反应混合体内,从而实现氚的再循环。由此,氚不必再从外部注入,也不必像废料一样进行回收处理和管理,人们就有了在"现场"同时生产和消耗这些氚的可能性。因此,从装置以外的角度看,需要为一个聚变反应堆供应氘和锂,它排出的是氦,这种气体完全稳定,并且对人和环境都无害。氘、锂和氦这三个元素都是稳定的。就储存量而言,氘在地球上可谓是无处不在的(如每立方米的海水中就有约30克氘),锂在地壳和海水中也普遍存在。我们估算,锂在地壳中的浓度大约是每千克20毫克,在海水中的浓度大约是每立方米200毫克。虽然提取氘和锂这两种元素的工业体系还没有完全成熟,但是这些数字足以反映它们有丰富的储存量。按照现在的工艺水平,现在的储存量足够使用几万年。

除了上面提到的储存量的相关数据以外,我们还发现氘和锂在地球上的分布范围十分均匀。与目前的化石资源或裂变资源不同,它们在资源获取方面不存在任何地缘性问题。这便是核聚变反应堆装置的第一大优势:获取使用该能源所需的资源具有丰富性和普遍性。

第二个优势涉及燃料下游的回收处理和电厂使用后的拆除。正如我们之前说的那样,一方面,核聚变反应不会产生任何的放射性废料,所以无须为此类电厂建立专门的回收处理或存储系统。另一方面,我们所利用的核反应会产生中子,在核聚变的反应下,甚至会产生高能中子。这些中子是不受任何约束的,它们碰到壁材料后先减速然后被吸收,从而对反应堆的壁结构造成严重的撞击。虽然在核聚变装置中,这些中子大部分被锂重新吸收并在原位产生氚,但我们必须知道,反应堆的物质结构也将受到这些中子的影响,所以有可能会引起核裂变反应。在核裂变反应领域,人们非常了解中子能够使材料产生放射性。因此,壁材料必须对中子辐射有很强的抵抗力。这就要求我们在反应堆的设计中对中子进行特殊管理,其中包括对装置中禁止使用的材料进行非常严格和挑剔的筛除,尤其是禁止使用那些会产生有或长或短半衰期的放射性废料的材料。举个例子,钴-59是一种稳定的同位素,可熔入大部分的钢材料中,但在中子的辐照下,钴-59却会转变成具有放射性的钴-60。针对这类核聚变反应堆装置领域的研究,尤其是在其上游的装置材料选择方面,必须有长期且专项的研究和开发,使其能够符合前文所提到的材料要求:必须包含能承受中子辐射的活性元素。另外,这方面的材料选择工作还需要考虑其在反应堆的整个生命周期中晶体结构的变化,以及由此产生的机械性能的变化,所以这还涉及相关材料的冶金工艺。实际上,中子辐射不仅会使原子产生位移,进而导致材料本身的晶体结构发生变化,还会在原位产生能够削弱该结构的氦微泡气体。这项研究的目的是通过试验、模拟来提出最终解决方案,使发电厂在维护、保养成本较低的情况下运行数十年(我们指的是50~80年),而且这类装置产生的辐射废料活性很低,拆除后不会给后期的废料处理和储存带来长期或严重的遗留问题。在这些解决方案中,必须选择那些足以满足环境和经济条件要求的材料,这样才能创造出一个既可行又有竞争力的产业。

第三个优势是回应了一直以来人们对核工业安全性的担忧。我们已经了解到,核聚变反应只能在非常特定的条件下发生,既要具有足够的介质温度,又要使温度、密度、能量约束时间的三重积超过一定值,即劳森判据中所定义的阈值。显然,如果这些条件不能满足,那么核聚变反应会自行停止。但尤其需要注意的是,氘与氚之间的反应不会因速度飙升而失控。在核裂变反应中,由入射中子碰撞引起的质量较大的原子核会分裂为几个较小的原子核和一个或多个中子。这些被诱发的中子又将与介质的重核相碰撞,从而引起连锁反应。只要通过反应产生出一个以上的中子,就可以激发连锁反应。如果中子的产生率不能够通过减速或吸收来控制的话,那么核裂变反应很可能会失控。与之相反,氘和氚之间发生核聚变反应而产生的中子并不参与聚变反应,中子会脱离反应介质而不与之相互作用。因此,聚变反应永远不会失控,这使得聚变能源的利用是绝对安全的。概括地说,如果比较裂变和聚变的方式,那么我们就会了解到:裂变反应是由裂变反应堆产生的中子来自我维持的,而裂变反应堆的堆芯要装载几吨燃料才能保证反应能够持续大概几个月到几年的周期,一旦失控,可能会导致堆芯熔毁等严重的事故,此类事故的危害会持续很长时间。相反,聚变反应不是链式反应,而且被约束在一定空间里面的核聚变反应物只有几克,仅仅能够产生几秒钟的能量。并且,在这种反应堆中可能发生的所有事故,包括恶意的破坏,都会立刻让反应在一秒钟之内停止。

　　早在20世纪50年代后期,人们就发现了聚变能作为能源的巨大优势,并由此拉开了全球协作、共同研究核聚变能的大幕。虽然在第二次世界大战结束后,聚变研究因战略原因而被列为机密,但后来,磁约束聚变研究却于1958年在日内瓦举行的举世闻名的国际原子能机构会议上被解密。自此,人类掌控聚变能源的非凡冒险之旅正式开始。与此同时,关于能源管理的相关辩论一直在世界舞台上占据着主导地位,而且其影响力是持久的,甚至常常是令人不寒而栗的。事实上,我们发现几乎所有20世纪末和21世纪初爆发的全球性冲突都源于人们对能源的争夺。另外,社会层面产生了新的要求,并在寻求能源问题解决方案的过程中产生越来越大的影响。因此,环境保护已被纳入著名的能源方案中,这不仅开启了初始新能源的大门,还开创了整个能源的"产生→分配→存储→消费"链的智能管理体系。需要说明的一点是,这个智能管理体系的智能性既体现在技术层面的解决方案中,也体现在生态系统的管理上。

　　显然,核聚变的研究,或更笼统地说是核能的研究,与其他能源或其他全球连锁智能管理体系的研究不同,它的耗时会更久。同样道理,上科西嘉的一个村庄与里昂工业区所要求的能源方案是完全不同的。另外,像欧洲这样过度发展的地区与中国或印度相比,也会出现截然不同的能源方案和环境保护措施。最后,很显然,伴随着交通运输业的快速发展,我们的社会正在朝着以电能作为能源载体的方向发展,电能基本上替代了其他的能源载体形式。全球范围内的研究表明,长期以来,人类对能源的需求非常迫切,

039

特别是对密集型电力能源的需求,即使是那些有关风能和光能最乐观、最积极的计划,也无法满足这种对能源的需求。为了将来开发密集且脱碳的电力能源,核能方面的研究十分必要。我们应当看到,核聚变研究所需要的时间长短是相对的,政治家从经济的角度与社会学家从人类社会发展的角度会有不同的评判,正如不同的人对聚变反应装置体积的大小,也有各自不同的判断。

第4章 核聚变的开拓者

> 对天才来说,最重要的事情,是在对的时间出生。
>
> ——列夫·安德烈耶维奇·阿齐莫维奇

让我们回到1958年的第二届和平利用原子能国际会议。氢弹是一个客观存在的事实,虽然当时只有少数国家如美国、苏联和英国掌握了这种技术。因此,关于核聚变的研究从那时起就聚焦在如何控制与和平利用核聚变能。尽管如此,磁约束聚变和惯性约束聚变仍是截然不同的。惯性约束聚变在很长时间内与氢弹紧密联系在一起,而我们这里所说的聚变研究的解密工作实际上只涉及磁约束聚变。

召开于日内瓦的这次会议是全球范围内第一次以和平利用核能为主题的重大活动,参加人数将近5000人。对于磁约束聚变的发展历程而言,这是一个真正的转折点。所有的与会代表都无比兴奋,因为他们知道将要在这场会议上获得前人研究所取得的最新成果。尽管美、苏、英三国各自开展秘密研究,但他们得到的成果和结论是相似的。著名的美籍匈牙利裔物理学家、氢弹之父爱德华·泰勒(Edward Teller)先生在会议之后表示:"能看到这些不同发展程度的国家在这一领域走向了并行发展的道路,这是件多么了不起的事情! 当然,这也是由于我们都生活在同一个世界,遵循着同样的自然法则。"与此同时,最令人印象深刻的是这次会议为核聚变领域带来了巨大推动力。经过多年的秘密研究以及战后的诸多战略问题讨论,全世界的物理学家都被邀请到一起,为了一个和平的将来自由地开展研究。人们在那时就可以预见,这项研究将会是一项非常长期的任务。列夫·安德烈耶维奇·阿齐莫维奇（Lev Andreïevev Artimovitch）是一位富有远见的物理学家，也是此次会议的演讲者，在关于苏联核聚变研究的演讲中强调了这一新的国际合作的重要性："我们绝不能低估在学习和掌握热核聚变之前所必须克服的困难。对于这场会议发起的国际合作的坚持和发展是确保这些研究取得成功的一个关键性因素，而合作的方案……需要最大限度地集中高智力人才，并调动大量的硬件设备以及复杂的装置。"

时间会证明阿齐莫维奇观点的正确性，甚至实际情况还超出了他的想象。阿齐莫维奇可能是带领我们了解磁约束聚变开拓阶段的最佳向导。他在1909年出生于莫斯科，然后在明斯克完成他的物理学学业，第二次世界大战期间在列宁格勒任教，后加入伊戈尔·库尔恰托夫（Igor Kurchatov）领导的原子弹研究团队，该团队自1944年开始在莫斯科负责苏联的原子弹的研发制造工作。在第二次世界大战结束后的20年里，核聚变领域遇到的第一个难题就是用什么样的"磁瓶"可以有效地装载温度为数千万摄氏度的聚变反应物？苏联在这方面的研究水平是最领先的，英国紧随其后。

我们无法用一本书的篇幅来全面叙述研究人员这些年来走过的每一条道路，也无法完全比较它们各自所有的优缺点。因此，我们将深入浅出、宏观概括地来介绍这个领域的发展历史，目的是尽可能简单地说明这一时期核聚变的发展道路，以及简单描绘两种公认的最具前景的磁结构的发展道路。

4.1 等离子体

现在是时候让核聚变舞台中最无可争议的巨星闪亮登场了，它就是等离子体，也是物理学家们所熟知的"物质的第四态"。核聚变反应的原理本身其实是氘核和氚核能自由地发生相互碰撞，也就是说让核与核之间存在的距离相当于它们本身的大小，即相当于10^{-15}米（又称费米）。为此，氘原子和氚原子必须首先剥离电子,否则这些原子相互之间的距离会无限远。事实上,一颗原子的大小比它的原子核要大10万倍,如果这颗原子没有被完全电离,或者说没有被完全剥离电子,原子核就相当于被隔离在了一个由电子形成的笼子里,那么核与核相互之间就无法发生碰撞。为了更好地理解我们上面所提到的这些相对距离,请想象一下,原子核就好比放在足球场中心位置的一颗藜麦种子,而它的电子则是我们肉眼看不见的一些点,并且它们在看台上以每秒数千千米的速度移动。

当我们加热某种物质的时候,它内部原子或分子的重组是会改变其本身状态的。当物质处于低温固体状态时,通过高温加热可以使其液化,也就是使构成它的各种粒子间开始相互运动。更确切地说,如果这些粒子在不断进行相互碰撞的同时又保持着流动性,就会呈液态。物质的温度是构成物质的每个粒子的个体能量在宏观性和整体性上表现的基础。如果液体继续被加热,那么它就会蒸发,也就是说,它会变成汽化状态,这种状态下的每个原子或分子都脱离了相邻粒子对它的约束,物质便不再表现出任何常规的形态,而构成它的各种粒子就开始进行永不停息的无规则运动。

这些固态、液态和气态物质之间的互相转化也取决于压强大小。因此,某些固体可以直接转化成气体,而无须经过液体状态,我们称之为物质的升华。所有这些现象发生的温度均介于"绝对零度"①到几千甚至几万摄氏度的范围内。一旦超过这个温度范围,原子的热运动就会让这些原子通过它们的相互碰撞,把电子从原子中剥离出来。事实上,使电子与原子核结合的温度通常达到数万摄氏度。一旦超过这个温度,气体就会开始自然地发生电离,并逐渐成为一种由全部或部分电离的原子和电子形成的"浆态物质"。这些粒子是互不干扰、自由移动的,原子会部分或全部变成离子化的原子和电子。这就是第四种物质状态,以"等离子体"命名。在原子并没有完全电离时,这个状态被称为"冷等离子体"(或低温等离子体)。反之,当原子完全电离时,这个状态被称为"热等离子体"(或高温等离子体)。鉴于激发核聚变反应需要达到额定

① 绝对零度约为-273.15摄氏度,这是物质可能达到的最低温度,在这种温度下任何运动都不存在。

的温度,所以高温等离子体的状态正是我们想要人工实现和掌控的。

让我们回到核聚变的开拓者以及他们的"磁瓶"问题上。当时,他们认为自己正在处理一个相对简单的课题:在这个由原子核和运动电子组成的等离子体中,唯一要考虑的微观相互作用是碰撞,而碰撞的频率自然取决于温度和密度。因此,所研究的磁场必须能捕获围绕在磁力线周围的原子核和电子。这里,能量和粒子的损失只是单纯地由碰撞导致的,而这种碰撞通常会干扰粒子的轨迹。因此,将能量的约束时间与等离子体的约束磁场联系起来,就可以确定"磁瓶"的尺寸大小。接下来,我们只需要为"磁瓶"找到适合的几何结构。

4.2 托卡马克

最简单的几何结构显然由一组彼此平行的简单的磁力线组成。这些磁力线可以很轻易地用相互平行且垂直于感应磁场分布的电流线圈制造出来。

于是,螺旋电流线圈产生的圆柱形磁场诞生了,该磁场构成了约束等离子体的"直管"(见图4.1)。线圈的电流越大,感应的磁场越强,那么从理论上来说等离子体及其能量就会更多地被约束住。

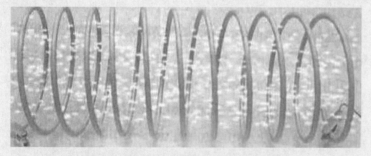

图4.1 螺旋电流线圈产生的圆柱形磁场

一开始,我们失望地发现,离子和电子几乎在直接通过这个磁性"直管"的两端后逃逸了,并没有产生任何有效的约束。当然,这也是可以预料到的,因为带电粒子的运动在平行于磁场的方向上是不受限制的。因此,如果我们要建立一个真正的约束装置,就必须封闭这个"直管"的两端。需要注意的是,我们要找的是一种完全封闭的磁捕获装置,它能够把高温等离子体完全封闭在里面。因此,必须防止等离子体直接冲撞到阻塞"直管"两端的壁材料。于是,我们想到的第一个办法就是通过增加"直管"两端线圈中的电流来增加两端的磁场强度。在这种情况下,我们观察到情况有了很大的改善!当某些带电粒子到达这些末端区域时,就会产生反射现象,将这些粒子送回到装置中。对于等离子体而言,这些"磁场梯度"的作用相当于两面镜子。然而,这种解决方案无法保证所有粒子皆被约束,原磁场方向上"最快"的那些粒子仍然争先恐后地逃跑着。我们发现,如果以这种方式约束等离子体,当等离子体温度越高的时候,磁场梯度就必须越强。由于无法得到足够的约束,这种方案很快就被放弃了。在这种几何结构的情况下是无法达到核聚变所需要的参数的,因为不仅在技术上存在不可克服的难题,同时还存在等离子体稳定性的问题。

随后,出现了封闭圆柱形磁场的想法,这种方案只需去掉"直管"的"两端",使它首尾相连,形成一个封闭的结构。封闭后的磁空间是一个圆环形的结构(见图4.2)。我们把其大半径定义为中心垂直轴与穿过圆柱体中心的水平圆之间的距离。同时,我们将这同一个水平的圆定义为"磁轴"(图4.2中箭头所表示的圆),并将环形方向定义为磁轴的方向,而以赤道平面作为这里所提到的包含磁轴的水平面。这个几何形状使我们有很大的自由度去操纵和改变装置的大半径和磁芯的垂直截面(或极向)。

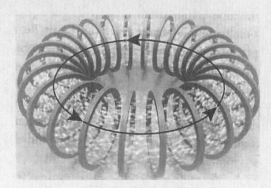

图4.2 磁环形结构

当人们试图将等离子体封装在这样的结构中时,随之而来的是第二次的失望。实际上,我们观察到在带电粒子垂直运动的作用下,等离子体很快就失去约束。电子和离子在相反垂直方向上漂移,这是磁场曲率的作用,它在带电粒子上施加的影响相当于"离心力"。当然,电子和离子体的这种垂直分离运动会导致约束力的丧失,使得该结构无法达到预期目标。开拓阶段的苏联团队包括阿蒂莫维奇(Artimovitch)、安德烈·萨哈罗夫(Andrei Sakharov),伊戈尔·塔姆(Igor Tamm)和伊戈尔·库尔恰托夫(Igor Kurchatov)在内的一群科学家,他们最主要的贡献是设计了可以弥补这些垂直位移的方案,同时保留了极具潜力的环流器(托卡马克)的基本原则。事实上,如果人们以螺旋线的形式将磁力线缠绕在磁轴上,那么跟随其磁力线的各个带电粒子在赤道平面以下所花费的时间与赤道平面以上所花费的时间一样多。通过强制粒子自动回归到其附着的磁力线上,能够持续地弥补垂直位移。为此,只需简单地在垂直平面的初始(环形)磁场中添加一个旋转分量,最终的磁力线就会像螺旋线一样环绕着磁轴(见图4.3)。

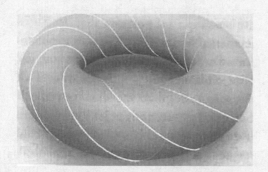

图4.3 磁力线的缠绕

这种称为"极向"的校正磁场可以用两种不同的方式来进行创建:第一种方式为改变环形磁场线圈的几何形状,这通过一个相当复杂的几何形状是可以实现的;在第二种方式中,用更简单的方式,沿等离子体环向方向施加一个感应电流。第二种方案体现了带电磁线圈环形室的所有秘密——"Тороидальная Камера с Магнитными Катушками"(俄文发音为"托罗达拉·卡梅拉·马格尼尼米·卡图什卡米",意思是"带电磁线圈的环形室")。它就是闻名于世的"托卡马克"(Tokamak)装置(图4.4)。

图4.4 托卡马克装置

当时,苏联研究人员首要的工作就是建造他们的第一个托卡马克装置,这个装置以T-1为名在莫斯科制作完成。这个环形室拥有非常小的体积,只可容纳大约0.5立方米的等离子体。1968年,T-1及其后续装置T-2和T-3的早期成果犹如一颗炸弹,引发了国际学界的轰动。托卡马克等离子体的温度和约束时间远远超过了世界上其他所有线性或非线性装置的温度和时间,T-3甚至成了首个达到1000万摄氏度的装置。1969年,在冷战期间,一个英国小组甚至前往莫斯科,只为了确认苏联宣布的这一成果的真伪。在全球,无论美国、日本还是欧洲,都爆发了对托卡马克磁约束聚变的研究热潮。仅以法国为例,原子能委员会非常迅速地做出反应,在巴黎南郊丰特奈·奥罗斯(Fontenay-aux-Roses)这片土地上建造了第一座托卡马克装置,并将其命名为TFR(Tokamak de Fontenay-aux-Roses)。TFR最早于1973年投入运行,其几何形状接近T-3,等离子体电流约为40万安培,创下了当时的历史记录。

20世纪70年代,诞生了世界上目前最主要的核聚变实验室,并且这些实验室均属于国家级的核研究机构,至今仍然活跃。其中包括莫斯科的库尔恰托夫研究所(Kurchatov Institute),位于牛津附近隶属于英国原子能机构的卡拉姆研究中心(Culham Centre for Fusion Energy,CCFE),美国麻省理工学院在波士顿的实验室,纽约附近的普林斯顿等离子体物理实验室(Princeton Plasma Physics Laboratory,PPPL),田纳西州美国橡树岭国家实验室(Oak Ridge National Laboratory,ORNL)和圣地亚哥的通用原子公司(General Atomics)。日本也不例外,在东京郊区的中田开设

了一个研究所。值得一提的还有意大利原子能署建立的弗拉斯卡蒂国家实验室(Laboratori Nazionali di Frascati,LNF),德国慕尼黑附近加兴市的马克斯-普朗克研究所(Max-Planck-Gesellschaft)。在原子能委员会的独立带领下,法国建立了两个专门研究核聚变的实验室,即丰特奈·奥罗斯实验室和格勒诺布尔实验室。此外,欧洲原子能共同体与各成员国之间的合作项目也在成倍增加,有力地统筹规划了共同研究的核聚变课题。法国原子能委员会(CEA)早在1959年就签署了第一个合作协议,距离现在已有60多年历史了。这种研究规模的强势扩张标志着开拓阶段的结束,也标志着磁约束聚变研究进入第二阶段:对性能和极限的探索。这项工作将孕育出该领域最重要的定标律,也就是高温等离子体的性能和外界设置的工程参数之间的相关性,这些工程参数包括等离子体的几何形状、体积、磁场、电流、密度等。

第5章　科学和技术的
深度结合

　　磁约束聚变发展的第二个关键阶段是对托卡马克控制等离子体的重要规律的认知和发展。在详述这一阶段之前，我们需要花点时间来了解磁结构本身，并充分认识它的优点和缺点。

　　尽管聚变界在20世纪70年代就接受了托卡马克，但并没有放弃对其他磁结构的研究，人们始终如一的动力就是希望有朝一日利用这些研究成果研发出能够发电的反应堆。因此，所选择的磁结构必须能够确保这些装置的性能和稳定性。我们知道，托卡马克需要在环形方向上通过等离子体电流。等离子体电流除了能建立一种有利于能量约束的磁结构以外，它最直接的作用就是通过"焦耳效应"对等离子体进行加热。等离子体本身就是一种电阻介质，就像电暖气片的电阻一样，这种附加作用非常有助于托卡马克迅速达到创纪录的高温。但是，如果想要它产生足以约束等离子体的极向磁场，那么就要求该电流必须非常大。另外，等离子体的体积越大、环形磁场越强，等离子体电流就必须越强。在与T-3或TFR同代的数十万安培的装置之后，现阶段装置已经发展到兆安级别，未来的托卡马克反应堆则需要达到15兆安培。我们不仅必须产生这种电流，还必须使其在等离子体的整个放电期间得以持续。稍后我们会讨论维持这种电流的相关方法，但显而易见的是，这种电流会消耗能量，从而对总体的效率产生影响。对于数值及其区间量级而言，为了在等离子体中维持几兆安培的直流电流，就必须消耗几十兆瓦的能量。这是反应堆中预期的聚变反应所产生功率的重要组成部分。

　　与等离子体电流相关的其他因素也不容忽视，特别是关于其结构本身的稳定性。虽然托卡马克取代了数十个名称带有些许诗意或异国情调的磁约束装置,如单磁镜、双磁镜、Z箍缩、θ箍缩、等离子体聚焦、反场结构、球马克、磁悬浮陀螺和bumpy torii等,但有一种磁结构仍然备受关注。这种磁约束装置的磁结构和托卡马克很类似,都由螺旋形的磁力线形成一个层层相套的磁面。不同的是,这些磁力线完全是由磁线圈产生的,其中完全没有电流。在技术层面上,环形磁线圈的特殊形状是可以实现的。这种磁结构的通用名称是"仿星器",日本、欧洲、美国和俄罗斯等国家和地区仍在对其进行研究。由于两个主要的历史原因,仿星器尚未取代托卡马克。一方面,因为没有等离子体电流,所以不能通过"焦耳效应"对等离子体进行加热,无法使等离子体达到目标温度;另一方面,因为磁感应线圈的设计和制造难度大,想要在这样的体积中创建匹配的磁场,当今的技术能力尚且不足。近年来,在磁体线圈精确度方面,从设计到制造都取得了相当大的进步。另外,在无电流加热等离子体方面也取得了很大进步。这些进展也促进了当前仿星器热度的复苏。

例如,欧洲刚刚在德国波美拉尼亚地区的格赖夫斯瓦尔德投入运行了一台新的仿星器。这台名为W7-X的装置,其等离子体体积大约为30立方米。它必须证明能达到相同尺寸托卡马克的性能,为此它运用了在托卡马克上发展起来的长脉冲运行技术。在未来10年里,如果这种论证能让人信服,那么它肯定会大大改变目前聚变反应堆的发展路线。打个比方,仿星器如果是电动机的话,那么托卡马克就好比是内燃机。在不从根本上改变汽车概念的情况下,问题在于是否可以大幅度且持续地改善汽车发动机及其效能。我们将在本书的后续部分介绍,目前人们同样对某些"废弃"的磁约束装置产生了新的兴趣。

让我们回到发展托卡马克这条"康庄大道"上,跟随它的更新换代的步伐来详细地了解磁约束聚变科学和技术的发展。20世纪70年代一直持续到21世纪初,是研究性能和探索极限的重要时期,主要产生了一系列宏观描述托卡马克特性的物理定律。这些物理定律与尺寸、形状、磁场、等离子体电流、等离子体的密度等基础设计参数有关。这些被称为"定标律"的定律大多是在由已有的托卡马克上的实验观察推导而来的,而不是从物理学的基本方程推导出来的。但是,它们的确有利于工程师持续优化设计方案,从而实现预期的性能和稳定性。

5.1 等离子体的产生

一开始进行托卡马克实验时,科学家面临的问题就是一方面如何能满足劳森判据,即如何同时增加温度、密度和能量约束时间以达到聚变的条件,另一方面如何确保这种等离子体状态可以长时间持续。这一时期实验的主要目的是帮助改进托卡马克,以更容易理解这些参数改变与实验结果之间的相关性。我们将在本章的其余部分,沿着这个思路重点做介绍。

托卡马克是一个环形容器,周围环绕的是沿其环形方向规则分布的垂直线圈。一旦这些线圈中流动的电流产生了磁场,接下来的问题就是如何产生等离子体,也就是电离事先注入该容器的气体。为此,先决条件是通过强力清洁来清空容器内的任何其他化合物。我们通常将托卡马克的内部称为真空室,在那里将会产生等离子体,然后发生聚变反应。在所有操作之前,需要在托卡马克中实现的标准压力是 $10^{-6}\sim10^{-5}$ 个大气压,也就是大气压力的 $10^{-11}\sim10^{-10}$。有这样一个对比,一个白炽灯泡内部的气压是托卡马克的 1000 万倍,而星际之间的真空压强则是托卡马克的 10 亿分之一。因此,实验中面临的第一个挑战是,创造等离子体启动所需的必不可少的超真空环境,也就是保证在整个容器中,即在目前的几十立方米内、未来可能高达 1000 立方米的反应堆中保持真空。要做到这一点,我们将使用传统的机械泵以实现第一阶段的"初级"真空,然后利用低温泵来进一步降低压强。低温泵的工作原理为:通过冷却至接近绝对零度的表面来捕集真空室的残余气体,在该表面上将残留的气体冷凝,就近似于使冰柜壁上的水蒸气冷凝。我们能够想象得到,这个过程相对缓慢,并且在庞大的托卡马克中,从真空室被密封到它达到令人满意的真空状态,也就是到达准备容纳等离子体的状态,可能需要几天,甚至几周。我们还很快意识到,要达到这种超真空状态,必然地要求真空室的各个机械部件在密封和焊接方面采用完美的制造工艺,否则永远无法达到所需的真空状态。

　　现在,真空室已准备好容纳聚变反应所需的气体或气体混合物。理想情况下,在反应堆中,它将是氘-氚混合体。在较小的托卡马克的实验中,也可以是纯氘、纯氢或纯氦。为了使这种气体成为等离子体,必须将其电离。最常见的方法是将其引入真空室内并施加电压;就像我们测电笔中的氖管一样,如果电压足够强,释放电流通过气体,使其部分电离,从而产生第一个弱电离等离子体胚。这种"等离子体击穿"会导致低温等离子体的出现。这个最初的"火花"是触发整个反应的导火线。应该注意的是,还有另一种方法可以启动气体的电离,即从装置外部注入非常高频的电磁波。这种方法在目前的托卡马克中仍然不常见,但随着等离子体体积的增加和反应堆的临近,它将变得越来越重要。

5.2　电流的产生

　　在击穿混合物时,由于没有环向电流,产生的初级等离子体既没有达到高温也不受约束。接下来的几百分之一秒是至关重要的。此时,就要介绍中央螺线管了。这是一种我们尚未介绍过的磁线圈,它在直径和高度上占据了环形容器的整个中心孔(见图5.1中的垂直圆柱体)。

图5.1　中央螺线管

　　在击穿阶段之前,我们实际上已经在这个线圈中注入了电流,从而用磁通量使其饱和,然后通过控制这个中央螺线管放电来将其转移到新生的等离子体上。这就使中央螺线管和等离子体之间产生了电磁感应,这种感应与初级和次级普通电力变压器线圈之间的关系相同。因此,中央螺线管和等离子体之间磁通量的传递体现为等离子体中的电位差。施加在初级低温等离子体环的电压能够在环形方向上加速已经自由了的电子和离子。当然,离子和电子的加速方向是相反的,因为它们具有相反的电荷。

因此,可以通过选择中央螺线管的放电速率,根据确定的节奏,来使所需的电流在环形方向上逐渐出现。这是"电流爬升"的阶段。托卡马克通常的电流上升速度大约为每秒10万至100万安培。对于不同的托卡马克而言,我们需要几分之一秒至几十秒才能达到所需的总等离子体电流。电流的逐渐出现伴随着极向磁场的产生,由此慢慢地形成一个完整的磁结构。在该阶段初期,等离子体仍然是相对低温的并具有电阻。当电流增加时,等离子体完全被电离,经过这个过程很容易达到几百万到几千万摄氏度的温度。

但是,通过中央螺线管的放电产生的等离子体电流严格限制了这种等离子体的最长放电时间。实际上,一旦初始存储在中央螺线管中的磁通量被消耗完,等离子体电流就会自行停止。因此,如果希望产生与反应堆目标相匹配的等离子体持续时间,则必须找到该感应机制的替代物,以维持等离子体电流。我们暂时先不讨论这个不足之处,稍后再继续这个问题。

另外,我们还必须提到最后一组磁性线圈,也就是极向场线圈。它平行于水平面并环绕在托卡马克上(见图5.2),其主要作用是控制等离子体垂直截面的形状以及维持整体的稳定性。

图5.2 被称为"极向场"的磁性线圈

5.3　等离子体的加热

在电流进入平顶端之时甚至之前,等离子体温度会达到饱和状态,而这个温度却不能够满足劳森判据。这种限制的根源是等离子体的电阻率与其温度成反比关系。可以简单地理解为:等离子体越热,离子和电子就更容易自由地运动,所以其对电流的阻力就变得越弱。如果我们想提高温度并使其达到聚变所需的几亿摄氏度,那么就必须找到一种方法对被约束的等离子体进行持续加热,并且要以非感应的方式进行,而不是仅仅运用"焦耳效应"。

就像将一锅热水倒入一盆冷水中,可以提高温度一样,只需向等离子体中注入更多的高能粒子就可以提高其温度了。这些"超热"粒子与等离子体粒子碰撞时,会进行简单的能量的重新分配,从而提高等离子体的温度。这就好比我们在日常生活中用热水和冷水混合成温水,我们称之为能量的"均分"现象。加热等离子体的第一种方法是通过常规的静电加速手段来加速真空室外部的氘核或氚核,并通过真空室的开口将它们注入真空室中(见图5.3)。

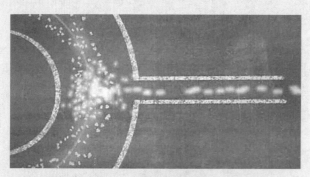

图5.3　通过注入高能粒子来辅助加热等离子体

然而,这种注入系统的实现,存在许多问题和挑战。第一个也是最基本的困难在于,托卡马克结构的设计初衷就是为了不让任何带电粒子(或尽可能少的带电粒子)流出,所以它可以非常有效地阻挡从外部注入的带电粒子。因此,为了能进入等离子体中,必须将这些高能粒子转化成高能中性原子。然后它们将通过碰撞来完成电离,并将其能量转移到等离子体粒子上。

现在,问题的关键在于如何在连接真空室的外部结构中制造出高能中性原子束。托卡马克和仿星器最初采用的技术受到高能物理领域离子加速器的启发。在这样的系统中,首先在一个真空室中通过静电放电产生一个或多个离子化的冷等离子体(非常类似于等离子体的初始击穿技术)。这样产生的离子就是正离子。在此情况下,注入的气体是氘或氚。我们能够非常容易地剥离它们唯一的电子,从而形成氘核或氚核。然后我们利用加速舱中的两个电极,通过静电来加速这些离子,这项加速技术现在已经非常成熟了。然后,这样回收的快速原子核束必须穿过中性化室内的氘气云或氚气云。在这个中性化室里,通过碰撞其中的气体原子,快速离子能够捕获电子,并像快速中性原子一样继续前进。然后,快速原子核束穿过真空室中的专用开口,最终到达等离子体中并对其进行加热。

这种系统在技术和物理方面的复杂性不言而喻,另外必须说明的是,目前世界上几乎所有的托卡马克都装备了这种类型的中性粒子注入器,每束粒子携带的能量可达到一兆瓦到几兆瓦。离子束的标准能量比等离子体中所需的温度高2~10倍。为此,离子通常在十万伏特下加速,形成高强度的离子束。虽然我们如今对该技术掌握得非常好,但是这些装置是非常庞杂的电气技术系统,目前只能运用在磁约束聚变领域。也就是说,将此类加热的需求外推至聚变的未来阶段,甚至最终外推至反应堆阶段,将会大大增加对注入能量的要求。如果等离子体越大、越热、越密,那么现有特性的快离子束进入等离子体的深度将会越来越浅,它的能量只会沉积在外围。在这种情况下,对等离子体芯部的加热作用就较小。因此,在逻辑上,更大、更热、更密的等离子体需要注入更高能量的粒子束。从技术上来说,增加注入器加速室内的离子的静电加速是有可能的。然而,一旦超过通常用于托卡马克的十万伏特,离子束中性化的效率就会迅速下降。

这里存在一个非常难以突破的物理限制,并且上述技术无法外推应用到未来的聚变反应堆。当前正在研究的解决方案是在离子源层面上解决该问题,并从负离子化的氘气或氚气开始设计注入器,而不再像以前那样从正离子化开始设计。因此,该原理与上述原理相似,第一阶段不再是由带正电的氘核或氚核组成的等离子体,而是由氘、氚原子加上一个电子后形成的负离子组成的冷等离子体。于是,我们加速这些负离子。当它们进入中性化室,与存在于该室中的中性气体碰撞,就可以非常容易且非常有效地剥离这个额外的电子,从而高效地释放出快速中性原子。

这种描述看似很简单,但在实践中显然不是这样的。额外的很大一部分困难在于如何产生大量的负离子。在一个拥有特殊壁材料的室内,由正离子和原子组成的冷等离子体通过与壁相互作用,就可以产生负离子源。在某些特定情况下,此壁上进行的物理化学交换使入射的正离子转化为负离子,虽然产出率低,但也完全可以接受。我们在这里不再赘述,只需记住,这种现象是存在的,并且可以通过调整入射等离子体的正离子能量和壁材料来进行优化。

在我们熟悉的厨房中,为了将能量从一种介质转移到另一种介质中,我们可以设想第二类方法。与其将热的液体与冷的液体混合在一起以提高混合液体的温度,为什么不直接将其放入传统烤箱或微波炉中?令人惊讶的是,这种加热方式最初是用来加热托卡马克中的等离子体的,而且早在微波炉进入我们的厨房之前就已经实现了。它的原理很简单,然而实现起来却很复杂。事实上,如果我们在边界区域激发一个或多个波,并将它传播到等离子体芯部,那么就可以把能量沉积在芯部(见图5.4)。

图5.4 通过注入波加热等离子体

对于微波炉中的食物而言,波的能量主要是被食物中的水分子吸收的。至于等离子体,它由带电粒子、离子和电子组成,它们不仅对任意静电场和静磁场敏感,还对任意振荡的电磁场敏感,所以对电磁波也很敏感。电磁波,包括我们生活中熟知的无线电波、医学检查的X射线、微波和光,它们实际上只不过是电场和磁场的组合和振荡而已,并在真空中以光速传播。在非真空的环境(如水、空气或玻璃)中,这些波也会传播,但速度较低。介质的折射率是指光在真空中的传播速度与光在该介质中的传播速度之比。因此,折射率是一个大于1的无量纲参数。实际上,在光敏或非线性介质(如热等离子体)中,折射率变得更加"复杂"。它取决于等离子体和电磁波的许多参数,尤其是能影响波传播的电场分量和磁场分量,它们使该波的传播比光复杂得多。

但是,我们对正在发生的这种情况有一个相当准确的预测性判断。一旦对电磁波在等离子体边界和芯部之间传播的关系建立了方程,就必须找到一种或多种方法,通过调节所有可用的参数,使电磁波尽可能有效地将能量沉积在芯部。波将能量传递到磁化等离子体的带电粒子上的最主要、最有效的一种方法就是赋予波一种作用,该作用与母亲帮助孩子推秋千的作用相同。这个简单的比喻确实完美地阐明了两个周期性运动(源运动和目标运动)之间"共振"的物理现象。如果母亲能够在"合适的时间",那么即使是用很小的力推动秋千,她也能够轻松地将能量转移到秋千上,秋千就会越来越高。

在波和磁化的热等离子体之间也是如此。如果波能够以与其在该等离子体中运动的固有频率相同的频率"推动"等离子体中的离子或电子,那么就会在其自身与这些粒子之间发生能量传递。不过,我们至少已经知道等离子体中带电粒子的两种周期性运动,即围绕在磁力线周围的粒子运动("回旋"运动或垂直于磁场的运动),以及沿着磁力线平行方向的粒子运动。平行运动也是周期性的,因为磁力线会产生自身缠绕。

两种类型的粒子(离子和电子),两种类型的周期性运动(平行运动和垂直运动),从一开始就为我们在波与等离子体之间的能量传递问题中提供了许多研究途径。因此,聚变等离子体中离子的回旋运动与局部磁场相关,其一般频率约为几十兆赫兹,即每秒几百万次振荡。这些频率非常接近我们调频收音机的使用频率。因此,在这些频率下的波发生器的应用技术是很成熟的,它们就是被

057

称为四极管的微波放大器管。托卡马克通常要求波在50~100兆赫兹的范围内，每根管达到1~2兆瓦的连续功率。如此产生的电磁波会通过与我们老式电视天线电缆相同类型的同轴电缆来完成从发生器到真空室的传输，该电缆的尺寸大小主要根据传输功率确定，然后再将电磁波"注入"面对等离子体的天线中。该天线的目的是将入射功率转换成可以从天线传播到等离子体芯部的波，在这里可以满足与离子共振的所需条件。然后，波被那些满足所需共振条件的离子有效地吸收，并对它们的能量产生大幅增加。然后，再次通过与其他等离子体粒子的碰撞，从而对等离子体进行加热。

采用类似的方式，我们可以尝试将波耦合到等离子体电子的回旋运动上。因此，必须使用频率明显更高、大小在100千兆赫兹左右的波。这种频率下的波源，使用了微波振荡器的技术，其原理是通过设定特定的机械装置将电子束中包含的能量转换为所需的波。这些振荡器称为回旋管。产生的波像光束一样在金属波导管中从回旋管传输到托卡马克中，该导管一直延伸到面对等离子体的开口处为止。因此，它具有能够直接把能量耦合到等离子体中，且无须改变波的形状的明显优势。它还可以通过一组简单可变向的反射镜来随意地调整方向。波的能量被吸收进与其共振的等离子体电子上，从而实现对等离子体的加热。回旋管技术在工业上的应用已相当普遍，但是对于聚变的要求而言，包括频率、功率和持续时间的要求，对加工制造行业一直是一项挑战。仅在最近几年，在俄罗斯、日本和欧洲才出现了满足这些要求的工业回旋管。应当指出的是，中国企业最近也对此产生了兴趣，并可能很快会引发这一领域的变革。

还有第三种主要用于托卡马克加热的波，它的目标是完全不同的，它要达成的目标是使电子沿着磁力线平行方向的运动直接加速。因此，所选择的共振就是电子周期性地经过专用天线口的运动。这种类型运动的频率约为几千兆赫兹，所以有必要使用另一种微波管，即速调管技术。虽然实现聚变所需的功率和时间仍要求相应工业在研发方面做出巨大的努力，但这种技术已经被很好地掌握了。发生器和真空室之间的功率传输是通过波导管进行的，需要安装特定天线，才能实现所需波对等离子体产生作用。实际上,注入等离子体中的波必须沿其环形方向传播,以使电子在单一方向上加速。天线可以解决这个问题。实现此技术,需要在面对等离子体的几厘米处安装成排的波导管。在这个真正的"烤架"的出口处(当人们站在等离子体的位置看天线时,产生的这种印象赋予其这个绰号),输出的各个波组合成一个具有所需特性的波。

我们之所以力求促成电子在单一方向加速,是因为希望在不消耗中央螺线管磁通量的情况下维持等离子体电流。在这里,关于托卡马克放电的时长,我们找到了延长其放电时间的一部分解决方案。如果能从根本上解决托卡马克运行的短暂性问题,就相当于开启了持续产生聚变能源的一扇大门。上述解决方案属于"产生非感应电流"科学整体解决方案的一部分。实际上,前述的其他辅助加热方法或多或少地具有产生非感应电流的能力和优点。无论是通过不对称方式注入波,还是通过将注入的中子束定向在所需的环形方向上,都会获得非感应电流。在过去的 20 年中,国际上在这一领域的研究工作中做出了巨大努力,旨在通过辅助加热方法最大化地产生非感应电流,并试图将其引申至未来的反应堆中。然而,可以明确的是,波与等离子体相互作用的基本物理原理以及碰撞过程中动量转移的基本物理原理皆表明,上述方法并不能在效率方面达到所需的要求。迄今为止,在消耗能量不大于产生能量的情况下,实际上不存在任何能维持反应堆所需的15兆~20兆安电流的解决方案。在实际情况中,由产生电流与吸收功率的比值来定义的电流驱动效率,要比其所需的值至少低一个数量级。

如果说波与等离子体相互作用的物理原理给出的结果可能会让我们大失所望,那么等离子体自身的集体效应会带给我们非常意外的结果,并对我们有很大帮助。这一效应就是自举电流。当等离子体的压强高达一定的水平时,它就会自动产生较强的电流。此处无须描述细节,但我们必须牢记,在实现氘核和氚核聚变所必需的压力条件下,这样的自举电流可能是等离子体所必需电流的重要组成部分,甚至是主要的组成部分。这种效应一旦达到最优状态并与非感应效应相结合,就会为托卡马克的持续运行开辟出新的道路。目前,关于托卡马克这种运行模式的研究尚未彻底完成。其中还有一则趣闻,自举电流在英语中又称"靴带(bootstrap)

电流"。这一词用以纪念明肖森(德国黑森州的一个市镇)传说中一名男爵的奇遇:他只要扣上神靴的靴带,就可以自由地在空中遨游。

总的来说,在对聚变等离子体的辅助加热和非感应驱动电流的战略性和关键性问题的研究中,相关领域的物理原理已经被很好地理解并模拟。现在也已存在可靠的技术,可以将聚变等离子体加热到所需的温度以触发聚变反应。

在技术层面有三个方面需要提高:第一,要更好地掌握基于负离子源的中性注入技术;第二,要从工业可靠性角度提升各个系统的性能,使它们能够支撑系统的持续运行;第三,要提高总体能量效率,从而使未来反应堆的效率最大化。

最后,必须指出的是,由于效率的限制,托卡马克中等离子体非感应电流的产生不能仅依靠外部能量(无论这种外部能量来自何处),等离子体电流的很大一部分必须由等离子体本身产生。

第6章　一门关于折中与控制的科学

6.1　寻找和认识等离子体的高性能

现在,我们要介绍等离子体生成的最后阶段。在这个阶段,等离子体电流达到了目标值,其温度可以使等离子体完全电离化;另外,沿着磁力线运动的氘核和氚核可以发生有效碰撞,实现聚变反应。那么,等离子体及其周围环境会发生什么变化? 我们实际上看到了什么? 又是什么使等离子体"运行"或停止"运行"?

这些看似天真却完全合理的问题意味着我们还有很长的路要走,但同时也帮助我们更好地理解:只有从物理方面更深入地了解情况,我们才能向前迈进。

我们应明白,等离子体的密度和温度是劳森判据中的重要参数,但并不是其仅有的参数。通过磁约束结构得到的能量约束是打开核聚变之门不可或缺的第三把钥匙。因此,我们需要研究等离子体物理的几个基本要素,因为它们是掌握能量约束方法的核心。我们可以放心的一点是,核聚变的主要设备已经就位,这就是我们的"磁瓶"托卡马克,它能够确保在没有其他干扰的情况下,带电粒子可以沿着无限循环的轨道进行运动。然而,现在仍然有几个问题尚待解决。

首先是众所周知的粒子碰撞,这是我们所渴望的,因为"无碰撞,无聚变"。在等离子体中,如果两个带电且受约束的粒子之间发生碰撞,那么会发生什么情况呢? 无论碰撞过程中是否有聚变反应,粒子的轨迹都会受到影响,并遵循简单且普遍的能量和动量守恒定律。这些定律容许沿着磁场平行和垂直方向运动的粒子之间自由交换动能,同时也允许粒子在等离子体中自由移动,即便这种移动非常的微小。人们只需想象地滚球游戏中两个铁球的碰撞,就可以理解这里提到的干扰。每次碰撞都会造成两者运动轨迹参数的变化,当然这些变化都是可以模拟的。但是,我们要认识到,在这种环境中所有粒子碰撞引起的运行轨迹改变及其带来的整体效果和影响。然而,即使托卡马克中的等离子体密度很低,其每立方米的粒子数也能达到10^{20}(即1万亿亿)个。

据此,统计物理学告诉我们正在发生的是双重效应。第一个效应是前文提到的众所周知的能量均分效应。它向我们证实,如果存在于这种碰撞环境中的粒子具有不同的能量,那么加热时间和碰撞将以扩散的方式,使得这些粒子均分能量,并具有的相同温度。但第二个效应是倾向于将这些粒子从高能量向低能量输运,把芯部的带电粒子向边界驱赶,从而降低对等离子体能量的约束。这种扩散运动,可以类比人们将薄荷糖浆吸入到移液管中,然后再将移液管放置到水杯中,薄荷糖浆并不会一直留存在移液管中。事实上,我们能清楚地明白,想要在等离子体中获得更多的核聚变反应,就应该寻求原子核之间碰撞的最大化。但这种碰撞会带来能量损失,从而对我们的能量约束目标起到反作用。等离子体在磁结构带来的约束和碰撞带来的反约束之间实现的平衡被称为"新经典平衡"。对该平衡的基础方程研究已经非常广泛、透彻,人们已能够根据托卡马克和等离子体的宏观参数来对等离子体的约束条件进行准确预测。

因此,我们能够精确地计算和预测等离子体的新经典约束时间。这种计算足够精细,甚至可以与我们在过去和现有的所有托卡马克上观察到的现象进行比较。这一结果使得核聚变研究团队在1970—1980年遭受了第一次精神打击,因为理论预测和实验观察根本不一致。当然,实际情况远不如新经典理论模型所预测的结果那样乐观。特别是这种与密度、温度、磁场相关的新经典约束时间的预测与观察结果完全不符,并且也无法解释实验中出现的不符合预测的变化趋势。实际上,对聚变等离子体加热的时间越长,能量的约束时间就越短。很显然,有另一个物理机制可以取代由碰撞引起的能量向等离子体外部的扩散,并能够限制能量的约束时间。按照新经典理论,一个体积如JET一般的托卡马克(100立方米的等离子体被3~4特斯拉①的磁场束缚)就可以非常容易地实现氘-氚聚变反应的点火,也就是实现原子核聚变的自我维持,不需要额外注入功率。因为JET的能量约束时间远远低于新经典理论的预期值,所以它并未实现这种点火。

我们可以再次使用烧热水这个简单的例子来解释这一现象。实际上,向锅中倒入更热的水和利用燃气加热锅中的水是截然不同的两种加热方式。在第一种情况中,倒入的热水会均匀地扩散到冷水中;在第二种情况中,火焰的热量会使得局部水量过热,而这部分热水又通过水流中的旋涡扩散到上层和下层的冷水中,循环往复。由此,我们很容易发现,这些熟悉的对流旋涡其实就可以解答我们有关能量约束时间的困惑,然而它们在早期模型中却被忽略了。现在我们需要解释一下,这个问题为什么不能继续再用锅来进行比喻。在物理学中,我们通常将这类"旋涡"归纳为一种湍流现象,它们已被确认在液体或气体中普遍存在。关于湍流现象的实验描述和精确模拟预测,目前依然是亟待解决的复杂问题之一。湍流的来源总是相同的:最开始,一种均匀的液体,不论其黏性强弱,如果受到热源、粒子源、旋转源或其他对介质非常敏感且非均匀的物理量的影响,那么都会产生湍流。并且,介质会通过改变其自身特性,如温度、密度、速度等,来响应这种"激发"。由此,在相应的介质内部会产生该物理量之间的距离差异,即"梯度"。物理量的梯度是指其在各单位距离间的变化量,如我们以"摄氏度/米"来表示温度梯度。湍流主要由梯度产生,并不断从中吸取能量。同时,湍流反作用于介质,使其梯度变平,并使介质向均匀化方向演变。在这种情况下,湍流具有与碰撞相同的目标,但它通过产生或大或小的旋涡,从而得到一个更为"有效"的物理过程,使介质更快地达到均匀状态。

另外,在每种介质和每种梯度下,都对应着一种特定的湍流机制。直至今日,如何从微观物理学的角度来模拟磁化等离子体中产生的湍流,仍然是核聚变学界最大的挑战。这是因为介质非常

① 特斯拉(用T表示)是国际单位制中磁感应强度的单位。

复杂,磁场的存在又使其各向异性,并且离子或电子的运动很难简化,我们通常不得不将这个因素纳入包括空间和速度的所有细节中考虑。因此,要对托卡马克等离子体中湍流的发生和发展进行模拟,就需要解决当前计算能力受限的问题。遗憾的是,哪怕是目前性能最强大的计算机的计算能力都仍远远不够,当前的技术水平充其量只能对简化后的介质或较小的介质进行模拟,或者对远低于其能量约束时间的非常短的时隙进行模拟,又或者将模型限制为单一类型的湍流或等离子体中的单一粒子。但是,计算机的发展预期使我们有希望在未来的10~20年内,也就是在建成和运行聚变反应堆之前,实现对聚变反应堆等离子体湍流的完全模拟。

与此同时,为解答我们困惑的问题,我们对"湍流"这个新命题又有哪些了解? 它对我们熟知的能量约束时间会产生怎样的实质性影响? 首先,湍流决定并主导了托卡马克等离子体从芯部到外围的热输运。聚变反应产生的热量集中在等离子体最中心、最高温和最稠密的部分,这样等离子体就自然形成了温度梯度。这个温度梯度既是湍流的源,也是朝着等离子体边界方向发生对流运动的源。任何看到过太阳表面图像(特别是几年前由SOHO卫星拍摄的壮观影片)的人都不会对这种聚变等离子体的"沸腾"景象感到惊讶。太阳表面的图像是简单且准确的,隐含了很多其他的重要理论支持。事实上,等离子体同时存在温度、密度和总体旋转运动梯度,这些梯度不只是产生一个湍流,而是在不同的时空尺度上同时产生多个湍流,这使实际情况的分析更加复杂化。

直至今日,由于尚未掌握详尽的模型,核聚变学术界花费了20多年的时间,广泛地开展托卡马克实验,以研究这些湍流主导的运输以及粒子和能量的约束。实验收集的信息是相当可观的,国际科学合作也变得规范化,并日益紧密。这些研究提供了收集大量重要信息的途径,比如有关托卡马克能量约束时间的定标律。

这些参数信息体现了托卡马克几何形状的特征量,以及实验中的工程参数量,包括用来约束能量的磁场、等离子体电流、平均密度和辅助加热功率。一般来说,定标律不包含物理模型,也不能解释潜在的物理现象,它仅是来自大量实验结果的数学统计和插值,而这些实验结果是通过扫描各种参数而获得的。定标律主要用于指导设计先进托卡马克,并验证它的尺寸、磁场、电流等参数。鉴于其重要性,在磁约束聚变的研究中,关于能量约束时间的定标律成为研究中最透彻的部分。它使我们了解到几个重要的事实:首先,定标律证实了等离子体的体积起着至关重要的作用。关于这一点,我们对照上述的湍流主导的热输运本质,就可以容易地理解。与各种性质的湍流尺寸相比,等离子体越大,其与周围环境的隔离就越好,保持高温的时间也就越长。由此,我们发现了决定未来聚变反应堆尺寸的主要依据,我们将在后面的章节中对此进行具体阐述。其次,在其他决定性的参数中,定标律还向我们证实,等离子体电流和磁场在能量约束中共同发挥作用。最后,它以相当精细的方式量化了能量约束的减弱与加热功率之间相互依赖的关系,这一关系体现了等离子体中湍流存在的宏观作用。

我们已经看到,热量通过湍流从等离子体芯部逐渐扩散到其边界。我们一直试图将等离子体芯部温度维持在几亿摄氏度,该温度会从芯部向临近真空室壁结构的边界区域逐渐降低。由此,形成了一个温度剖面,这种温度分布本身就是湍流的主要来源,而湍流往往反过来促使这一温度剖面趋于平衡。因此,在等离子体的芯部存在着具有典型钟形特征的平衡温度剖面。但是,如果我们对等离子体的芯部"过度加热",那么会出现什么情况呢?它首先会产生更大的湍流,同时等离子体会尝试着阻止自身的温度剖面发生变化。在这里,我们又发现了上述提到的约束时间随功率增加而减少的现象。但是,更令人惊讶的是,在某些情况下,通过增加功率,等离子体会自发地转变为一个或多个完全不同的约束状态,从而使其变得更热,并存储更多甚至超出预期的能量。

我们观察到,在能量约束中的这些分支与等离子体中个别区域自发出现的湍流的突然剧烈减少甚至消失有关。由此,我们要说到输运垒,因为这些区域实际上是湍流热输运的壁垒,所以它们会显著提高等离子体对能量的整体存储能力。这种来源于微观物理现象的改善,体现为宏观定标律乘以一个数值系数,我们称其为"H因子"。实验中主要观察到两种类型的输运垒。第一种输运垒非常靠近等离子体的边界,当辅助加热超出了一定的阈值时,这个输运垒几乎会自动出现。因此,它近似将所有等离子体的芯部与其外围"隔离"起来,并构成一个"台基",在该台基上等离子体的整个温度剖面都升高了。相应的能量储存改善因子非常可观,能达到常值的约2倍。这种等离子体高约束模是20世纪80年代在德国ASDEX托卡马克装置上被发现的,我们称其为"H模"。此后,几乎在所有的托卡马克装置上都已对其进行了复制和深入研究,并通过外推,向包括未来核反应堆在内的所有新型装置提供了重要的参考依据。第二种输运垒一般出现在芯部,并在周围隔离出一个比较小的体积。目前触发这种输运垒的原因还不清楚,它的出现也不仅仅取决于辅助功率的大小。这些因素和等离子体参数的局部值紧密相关,而这些参数的局部值也很难操控。所有这些参数确实作用于一个(或多个)湍流,并且在某些情况下可以触发局部不稳定性。因为第二种类型的输运垒所涵盖的体积不太重要,所以相应的约束改善因子通常也不那么重要,但其在聚变反应堆的研究进程中的重要性仍不容忽视。除此之外,我们还记得,自举电流来源于压强及其梯度的改善,也就是输运垒。这些内部垒在现阶段运行的托卡马克装置上还是重要的研究课题。以目前对它的掌握程度来看,尚不足以成为反应堆总体设计的考虑因素之一。最后,应该指出的是,这两种类型的输运垒完全可以共存,从而使它们的改善因子增加。该研究领域目前归属于"先进托卡马克"的研究范畴。

如上所述,磁化热等离子体湍流的理论和数值描述在聚变研究中是技术含量非常高的构成部分。无论是对理论的理解还是对未来的预测,都离不开计算机的强大运算能力。如今,即使是大型托卡马克,也没有任何一台计算机能够完全解决其湍流这个难题,以及预测湍流对约束时间和能量分支的影响。为了达到这个目标,我们需要等待好几代计算机的更新迭代,或者是好几代物理学家的不懈努力。如前文所述,现有的理论与实验描述和计算机模拟水平,让我们能够充分认识湍流在聚变反应中扮演的角色,并揭示它的重要作用,目前的研究成果也为下一代聚变反应堆的研发建立了足够的信心。

6.2 确保等离子体的稳定性

如果我们在对等离子体高性能的追求中不受到自然的限制——这些限制主要来源于与电流、压强、磁场相关的物质介质中的重大基础物理机制,那么一切都会很顺利。为了理解这个复杂的课题,让我们来一起回顾高中阶段学习过的一些概念和知识。

例如,聚变等离子体的介质会长久保持"失衡"状态,因为它们在芯部产生能量,并将其向边界扩散。碰撞和湍流会调节热通量或粒子通量,除了碰撞和湍流这些连续的现象以外,我们有时还会观察到不规律的突发现象。让我们再回到用锅烧热水的例子,只要锅内的局部温度不超过100摄氏度,对流就可以很好地将锅底的热水与表面的冷水混合。一旦在锅底层的热水达到此温度,水蒸气就会突然形成沸腾的气泡,这种沸腾会从根本上改变热量的重新分配方式:它会以非均匀的方式大大加速和影响加热进程,这被称为"气蚀"现象,它在流体中表现得尤为剧烈,有时甚至会造成严重的损失,如损坏涡轮机。

第二个例子是沙漏。众所周知,沿着落沙形成的圆锥体都有截然不同的流动形态。如果在开始时,圆锥体在其外围形成的是有规律的沙流,那么根据不同的坡度或沙的黏性,落沙会呈现出间歇性的"微型崩塌"的流动形式,由此也在不断改变着圆锥体的流动方式。同样道理,在聚变等离子体中也是如此。除了能调整热通量或粒子流的微观现象(无论是否有湍流)之外,通常在宏观的空间和时间尺度上会出现更间歇性的现象。因此,上述的湍流运输有时会演变成"微型崩塌",局域的崩塌甚至会在一定程度上降低整体的约束。

从结构的角度来看,托卡马克的磁结构本身同样会变得完全或部分不稳定,并且非常快地或多或少地排出等离子体存储的能量。这种研究磁化等离子体的宏观稳定性的物理学分支被称为

"磁流体动力学"(Magnetohydrodynamics, MHD),它主要分析和预测高温和高密度等离子体完全平衡态的稳定性。这些高温和高密度等离子体沿着磁力线被约束,并被电流穿过。磁流体动力学能够分辨出大量不稳定性,而正是这些不稳定性严重地影响着等离子体。

本书在此处仅以两种主要的等离子体不稳定性来阐释这一研究领域。如果我们要在托卡马克中维持住聚变等离子体,那么就需要避免这两种主要的不稳定性。

6.3 等离子体破裂

第一种不稳定性是磁结构破裂现象,这也是经常被磁约束聚变质疑者攻击的地方。破裂是一种非常快速的磁流体动力学现象,我们在托卡马克中观察到这种现象出现在几十毫秒内。它使得等离子体完全失去了约束,其动能和磁能也全部被"排出"到真空室的结构中。考虑到该破裂现象的迅速性,其涉及的作用力和功率非常重要,它们还可能会威胁到真空室组成部件的状态。实际上,真空室及其结构首先会遇到因能量约束的全部损失而引起的强烈的功率流。这些损失的能量主要通过瞬间的热通量作用在壁上面,且热通量的具体位置完全取决于破裂的确切过程。

随后,在环形磁场持续存在的情况下,将出现与等离子体电流突然消失有关的作用力。这种磁能将以辐射和结构中的感应电流的形式耗散,在此阶段,等离子体突然冷却且电阻率突然增加。我们还观察到与环形磁场平行的电场的强度显著上升,它会产生一个急剧加速的电子束。该电子束在很短的时间内脱离了其余的等离子体,最终会打到真空室内部的部件上。这三种接踵而至的现象给托卡马克真空室的使用寿命带来了潜在威胁。我们经常观察到托卡马克装置会因等离子体破裂而产生损坏,既包括等离子体对表面材料的冲击,特别是与电子束有关的冲击,也包括电磁力导致的内部结构的变化,如电磁力能够扭曲一些组件。我们还可以观察到,深层的特别是环形磁体的局部过热现象也会发生。

因此,有必要事先防止导致等离子体破裂的情况发生,或者在不可避免的情况下,必须提前预测出引发等离子体破裂的先兆,并通过减慢其速度来控制它。目前,核聚变学术界正在围绕破裂现象进行非常深入的科学研究。这项工作涉及广泛的研究和具体的分类,以探讨哪些问题会导致破裂现象发生。由此,我们也获得了托卡马克稳态或非稳态运行的实操指南,这意味着我们不仅可以对实验加以控制,还可以提供模拟所必需的数据库。由于相关诊断的时空分辨率的提高以及数据快速采集技术的进步,该研究的数据库已经存储了越来越多的"破裂前"阶段检测到的精确数据。的确,虽然破裂是一个非常短暂的现象,并且其起因可能是多重的,但它的发生往往都伴随着一些先兆信号,这使得我们能越来越好地对破裂现象进行实时检测和控制。有了这些信号,即使仍不知道(未来可能也不会知道)应如何改变控制参数以防止破裂现象的产生,我们也可以寻找"抵御"方法以减慢其速度,并避免其造成更具破坏性的影响。

目前,核聚变学术界正在研究几种可以"缓解"破裂的方法。其中,最有前景的方法之一是通过快速注入大量气体的方法来遏制破裂前的等离子体。这种气体具有延长破裂时间的作用,从而争取到更多的时间来控制破裂的发生。该方法可以类比航空领域的"软着陆"。当然,这些实验研究都伴随着协调一致、分工明确的理论模拟工作。由于超级计算机的进步,利用非线性磁流体动力学研究破裂现象现在变得可行了。这使我们可以更好地了解突然失去能量约束的现象,还可以将其与其他伴随现象,如等离子体注入气体或电子束的产生结合起来,从而使我们逐渐捋清楚整个破裂过程,以及如何缓解破裂的方法。虽然这项工作步骤繁杂,但这为我们在理解和掌握破裂现象方面开辟了一个切实可靠的前景。

对于技术专家来说,这一挑战巨大:如何使托卡马克的内部结构尽可能地具备抗破裂能力,这是设计托卡马克时必须考虑到的问题。从一开始,托卡马克就必须被设计成能够承受很大的电磁感应力的反应装置,且破裂过程中由机械结构产生的电磁感应力也必须考虑在内,以便降低与感应电流相关的一些限制。现在,这些知识和技术已得到了全面深入的研究和广泛多元的传播。得益于软件和计算机技术的最新进步,我们在复杂结构的机械模拟方面取得了巨大进展。然而,面向等离子体部件的保护仍并非易事。即使我们知道如何预测聚变等离子体正常运行时产生的热流,并且了解如何设计相应的聚变等离子体的外围,但是在材料表面受到的由破裂引起的作用力也远远超出该材料的无损极限。因此,在这种情况下,实际上并不存在缓解破裂的有效方法。

破裂现象的背后是否隐藏着威胁托卡马克整体装置的核安全相关的风险呢? 显然,因为未来的聚变反应堆会产生并消耗氚,其实际上将会被归入核装置类别,所以将受到严格的管制。破裂现象可能会引发的核安全疑问是:此类破裂活动是否会影响对氚的约束? 是否会导致或多或少的氚释放? 这个问题提得很好,迄今为止,很多的研究都集中致力于发展托卡马克中可靠的实时监测和缓解破裂的有效技术。验证基于托卡马克原理的核聚变能源的可行性是国际热核聚变实验堆(International Thermo-nuclear Experimental Reactor,ITER)项目肩负的高级别任务。目前在法国卡达拉舍,由34个国家组成的研究集团正在着手建造ITER托卡马克。ITER托卡马克是下一章的讨论主题,后续我们将介绍与ITER相关的核问题,以及它对未来聚变产业肩负的使命。

在本章结束前,我们必须明确,负责研究破裂现象的一部分学者一直在坚持对另一种有希望替代托卡马克的装置——仿星器开展深入广泛的研究,这在很大程度上是由于仿星器中不存在破裂。我们知道,理论上仿星器能够直接建立像托卡马克那样的磁结构,而无须依赖于等离子体电流的存在,因此不必担心有破裂现象。在ITER建设的同时,针对托卡马克中可能产生等离子体破裂这一弱点的科学技术研究也正在开展。当时机成熟时,这将为未来反应堆设计提供重要的可选方案。

6.4 边界局域模

在建造反应堆之前,我们必须充分了解和掌握托卡马克的第二种磁流体动力学不稳定性,它被称为"边界局域模"(Edge Localized Mode,ELM)的不稳定性。前文我们已经提到了托卡马克中存在热输运垒,特别是导致进入高约束模的热输运垒。ELM现象与热输运垒密切相关。当功率超过一定值时,热输运垒在等离子体边界区域会被触发。实际上,在这种情况下,在等离子体边界区域形成的压力具有非常强的梯度,此压力梯度分布的区域被称为"台基"。我们在前文已经提到了一种现象,即在这种情况下,会出现类似于沙漏崩塌的情况,这种斜度非常陡峭的压强剖面会自然释放出一部分压强,回到一个相对趋于平衡的状态。实际上,在此结构下会周期性地发生这种情况,等离子体向真空室内壁定期规律性地"散发热量和粒子",这就是ELM。如果我们进行一个粗略的类比,那么在托卡马克上的它们就如同在太阳上熠熠生辉的太阳耀斑。

那么,ELM是一种什么样的"敌人"? 我们为什么要警惕或预防它? 首先,ELM自身仅会释放出等离子体中存储的几个百分点的能量,这与破裂现象相比来说是非常少的。但是与破裂一样,ELM也非常短暂,并且每秒往往会重复几次。当然,在这种情况下,可以避免由破裂引发的可能损伤机械部件的电磁力,但是面向等离子体的部件要承受间歇性的巨大热通量。实际上,ELM会产生周期性的大量热沉积和粒子沉积,相对应的热通量在一定时间内远远超出了材料的承受能力。因此,如果不采取一定措施来进行削弱或防护,ELM将逐渐侵蚀面向等离子体的部件,并增加托卡马克反应堆中这些部件的维修频率。

与对待破裂一样,重要的是了解这种现象,并找到缓解或抑制这种现象的关键方法。在过去的10年中,该领域的实验研究和模拟取得了丰富的成果,并总结了这种不稳定性的几个重要特征。

首先,像破裂一样,ELM依赖于等离子体电流,所以理论上它不会存在于仿星器当中。其次,我们可以在一定范围的等离子体参数下将托卡马克保持在一种没有ELM的状态中。最后,ELM对等离子体状态的几种扰动(即使是很微小的扰动)非常敏感。现在,托卡马克的运行人员已经可以使用好几种缓解ELM的方法。因此,我们可以根据具体的情况,通过改变等离子体极端边缘的磁结构来影响ELM的大小和频率。这主要通过将电流线圈添加到等离子体的外围来实现。当ELM释放的能量水平在可接受范围时,我们应该先人为地触发ELM。正如同缓解破裂的方法,这些抑制ELM的方法目前已在世界各地运行的托卡马克上展开测试,其目标是不久之后在ITER托卡马克装置上采取最有利、最有效的方法。目前,正在全球范围内进行协作一致的模拟工作,旨在通过对此类物理现象的准确理解来支持和优化这些方法。

在大致了解了托卡马克等离子体宏观不稳定性之后,我们需要记住:为了在稳定的前提下实现聚变反应,所需要的物理参数的变化空间并不是无限的。一旦人们搞清楚了这一点,那么下一步工作就是研究在这样的稳定空间里,并在预先定义的运行限制范围内,如何掌握托卡马克所需要的特殊干预工具,托卡马克运行系统的实时信息检测,以及能够实时反馈和操纵等离子体的能力。本章就这一重要性引证了最近20~30年的实验、模拟和研发成果,并展示了这项科学和技术探索任务的艰巨性。

6.5 如何长时间维持等离子体性能

一旦等离子体的密度、电流、温度和其他关键参数满足了触发聚变反应的必要和充分条件,那么接下来亟待解决的问题就是如何将等离子体保持在这种状态下运行。别忘了,我们的最终目标是发电,因此至关重要的是,我们不仅要知道如何触发核聚变反应,还要知道如何在所需的时间范围内(即几天、几个月甚至几年)保持等离子体一直处于聚变状态。

解决磁约束核聚变研究中这个非常特殊问题的方法之一是逐步增加每个关键现象的时间尺度。事实上,我们已经在前文的讨论中提到过粒子轨迹、磁流体动力学稳定性和热量约束,这三者分别在时间阶梯上对应着三个最初始的台阶。实际上,从定量角度和电子的平均能量来看,电子几乎是以光速运动的,这意味着它们通常在兆分之一秒内就能绕磁力线旋转一圈,并在约十亿分之一秒内就能在反应堆中环绕一周。

在时间阶梯的第二个台阶上,就会涉及磁流体动力不稳定性,如等离子体破裂或边界局域模。我们在这里谈论的特定时间范围是千分之几秒到百分之几秒,相当于眨眼时间的十分之一。如果我们想把等离子体保持在一个稳定的区域,那么就必须以这种速率来调整控制系统的测量、数据解释和反馈作用。我们了解到,聚变等离子体能持续运行的条件就是将其性能维持在稳定的状态,就像走钢索的人试图在紧绷的绳索上保持平衡。这样做有一个好处,如果我们无法将等离子体保持在稳定状态,那么核聚变反应只有唯一的结果,即终止反应。显而易见,聚变等离子体永远不会像原子弹或裂变反应堆那样发生失控的情况。因此,从本质上来说,未来的聚变反应堆将是完全安全的,这显然也是其主要的优势之一。

第三个特定的时间是能量约束时间,它指的是通过湍流将热量从等离子体的芯部输运到其边缘的时间。如前所述,这取决于包括体积在内的好几个参数。我们需要知道的是,目前运行的最大的托卡马克装置,即由欧盟在英国卡拉姆建造的JET(欧洲联合环)中,其能量约束时间约为1秒钟,而在下一代的托卡马克装置中,无论是ITER还是未来其他的反应堆,最长的约束时间可以达到5～10秒。由此我们得知,一旦超过该时间,就能维持稳定的等离子体高性能;如果满足劳森判据,那么聚变反应就能被触发。然而,由于存在其他缓慢变化的现象,等离子体不能达到平衡状态,这也是我们接下来要讨论的问题。

首先,尽管我们已经对等离子体的能量约束进行了很多讨论,但我们还没有讨论同样重要的粒子约束的问题。这两者并不是同一回事。实际上,从微观角度看,其实是粒子携带等离子体的热能。与粒子运动轨迹紧密相关的多重物理机制包括磁力线、碰撞和湍流,这就使得粒子及其携带的热能都缓慢地从等离子体的芯部运动到边缘(反之亦然)。这两种约束时间的比值同样取决于好几个因素,但我们知道,此比值通常为10倍左右。然而,粒子约束对聚变等离子体最长持续时间起到关键作用,这有两个重要原因。因为聚变反应发生在等离子体的芯部,所以氘-氚"燃料"会变得稀缺,由氦-4组成的"灰烬"会积聚并稀释反应物。如果我们没有采取措施,抑或粒子的输运速度太慢,那么结果将是致命的:反应被自身给扑灭了,就好像是窒息于自己的灰烬中一样。因此,我们可以看到,在能量的约束时间与粒子的约束时间之间存在着某种折中的办法,从而使等离子体可以在"新鲜"的燃料中持续燃烧并排空其产生的"灰烬"。最微妙之处就是寻找如何使得能量约束时间最长,而粒子约束时间不要太长的情况。

接下来,我们需要讨论的是如何控制托卡马克等离子体的密度和成分。目前,存在几种不同的等离子体注入系统。我们已经知道,通过注入快速中性原子来进行的附加加热就是其中的一种方法。这种注入系统使得高能氘核或氚核能够深入到等离子体的芯部,并同时加热目标等离子体。但是,通常情况下,在反应堆中,相对于聚变反应中消耗的氘和氚的数量而言,通过这种方法注入的快原子的数量是远远不够的。想要增加这种快速中性原子流的方法有两种,一是增加辅助功率,二是减少快原子的单个能量,但这样做的话,就会增加各种限制。因此,有必要寻找为等离子体提供中性原子的其他方法,因为只有这样才能从外部穿过粒子运输垒。自此,产生了两种已经实验反复验证的经典技术手段:第一种是从等离子体边缘大量注入或快或慢的中性气体,第二种是采用一种吹枪,将氘或氚的固体"冰块"以极快的速度从边缘注入等离子体中。第二种方法看起来很科幻,但这项技术在聚变领域的存在和发展时间已经超过了20年。在大气压环境下,氘气和氚气可以在−259摄氏度时充分冷却并完成固化。其形成的冰块虽然只有几立方毫米,但当它们以每秒十几个的数量和每秒几百米的速度被注入等离子体时,就会提供当前托卡马克所需的足够的燃料。这种高可靠性的技术正在研发当中,目标是将其推广应用到新一代的托卡马克上。当然,未来新生代的托卡马克要比今天的托卡马克更大、更热,所以就需要"冰块"更快地深入到这些新型装置的芯部。"冰块"的尺寸大小不是一个重要参数,我们可以通过提高注入频率或增加注入系统的数量,来弥补尺寸的不足。

在寻求进出粒子平衡的过程中,对于科研人员来说,第二个挑战就是如何把边界的粒子排出。为此,我们可以想象一下被真空室包围的热等离子体圆环。其中,由氘、氚和一部分氦-4"灰烬"所组成的未充分燃烧的等离子体,位于等离子体边界且非常靠近真空室。在等离子体的外围,与芯部几亿摄氏度的高温相比,它就显得很"冷"(但也有几万摄氏度),并且密度很高。如果我们能从等离子体边界源源不断地抽取一部分等离子体,同时连续注入新鲜的氘和氚,那么就可以维持较低比例的氦-4"灰烬",从而维持聚变反应堆的正常运行。这就是所有聚变反应堆(包括托卡马克和仿星器)运行的原理。

一旦解决了等离子体注入和抽取之间的平衡问题,就必须确保等离子体环与其周围环境(真空室)之间的热平衡。如果磁瓶能够约束等离子体的能量以提高其温度并产生聚变,那么接下来磁瓶会减慢因聚变反应而开始的从等离子体芯部往外围的热运输。受约束的等离子体与周围环境之间并不会完全形成热隔离。恰恰相反,在未来的反应堆中,必须在装置链的末端利用蒸汽机回收聚变等离子体产生的热量,从而使涡轮机转动并发电。

目前,聚变反应装置边缘围热通量的控制问题是世界核聚变学界面临的严峻的科学和技术挑战,我们将尝试去了解其原理和手段。首先,一个数字可以帮助我们更好地理解此问题的难度:每平方米 $10\sim20$ 兆瓦。这个数字代表的是连续地从等离子体芯部向一部分面向等离子体的部件传导的热通量的值。事实上,聚变反应产生的一部分能量通过中子或电磁辐射同向地散发到真空室的内壁,这部分热通量能达到每平方米几兆瓦的水平;其余的能量主要通过等离子体传导,集中地落在特定的位置,其热通量大概能达到 $10\sim20$ 兆瓦。要想了解这些数字代表的含义,我们就要意识到,像太阳这样的恒星表面的热通量"仅仅"约为该数值的 $2\sim3$ 倍。将材料部件放置在托卡马克等离子体的表面上,这无异于要求工程师设计出一种能够在太阳上着陆并且可以无限期停留在太阳上的航天器!事实上,这涉及两方面的因素:每个人都有用手接近烛光的经验,我们都知道只要手指保持不动地靠近火焰一会儿工夫,就会立刻发生灼伤。因此,如果将这个例子转换为技术术语,那么就意味着我们面临的挑战主要在于面对等离子体的材料部件的功率密度,即功率密度与曝光时间的乘积。

具体的情况概述如下:尽管核聚变学界的先驱者们很快意识到了这个问题,但他们并没有优先考虑这个问题。其原因很简单:最初的等离子体的寿命太短了(只有几毫秒),以至于沉积在材料上的能量很容易耗散,从而不会造成任何损坏。在此,我们引用已故的费尔南德·雷诺德(Fernand Raynaud)的话:"只需要等待一段时间,使得材料冷却之后再开始新的实验。"然后,托卡马克逐渐地发展强大,具备了产生并维持更长时间等离子体的能力(从20世纪80年代的几秒钟到现在的几分钟),随之而来不可避免的技术问题就是等离子体和面向等离子体部件之间的平衡问题。

与此同时,仍有两个完全不同的问题需要解决和优化。首先是对等离子体中的离子冲击材料表面而产生的杂质流的管理。这是一个相当复杂的物理问题,涉及如何将等离子体中的离子植入到材料结构中(称为滞留现象),以及如何从受到冲击的材料表面剥离原子(称为侵蚀现象)这两个方面。

另外,如果在进入等离子体时,每个氘或氚原子仅携带1个电子,那么1个铁原子进入等离子体时,会携带26个电子,这意味着它替代了26个氘核或氚核。因此,如果我们不多加小心的话,反应混合物一旦被如此重的杂质所稀释,那么这将直接影响等离子体的聚变反应能力,并相应地导致其聚变性能的降低。此外,像铁一样重的原子或如钨之类的其他金属不一定能够在等离子体中完全电离,因为底层电子与核结合的能量要大于等离子体局部高温所能输运的能量。因此,这些部分电离化的重原子保留了将存储在等离子体中的部分能量转换为辐射能的能力,这主要是通过剩余电子的激发和退激发过程来完成的。此过程的结果是,这类杂质的存在使得等离子体通过辐射损失了其储存的一部分能量,这会直接减少能量约束时间,并再次削弱其聚变性能。

为了防止氘-氚混合物受到来自托卡马克金属壁上大量重离子所带来的潜在污染,我们要寻求一种既可以直接面对等离子体,又要尽可能耐高温,且其原子序数也很小的表面材料。在各种材料中,碳很快就脱颖而出了。碳原子只包含6个电子,其物理性质非常出色。它是一种特别耐高温的元素，并且不会熔化。自20世纪80年代以来，几乎所有的托卡马克内壁都使用了石墨。由此，等离子体中的重杂质和辐射越来越少，性能达到了最大化。20世纪90年代出现了持续时间超过10秒的等离子体，这使得人们为这些石墨部件增加了主动冷却的性能。自此，诞生了好几代新兴技术，在法国原子能委员会的Tore Supra装置上研发出了由碳纤维瓦制成的部件，这些部件被封装在石墨矩阵中并焊接到铜制的冷却通道上。单个部件组合在一起后，就形成了能够承受我们所需要的稳态热通量的表面，从等离子体传导到这些瓦表面的热量会立即通过碳纤维传导至冷却通道。因此，面对等离子体的表面部件的温度不会超过一千摄氏度，甚至只有几百摄氏度，这样就不会对表面材料产生影响。

这个成功的方法尽管获得了广泛的赞誉，但却掩盖了两个缺陷，而对于这种类型的解决方案来说，这两个缺陷是绝对致命的。如上所述，尽管碳原子在面向等离子体时很容易受到侵蚀，但是给等离子体本身带来的污染却很少。不过，根据目前的实验推论，这些部件将在反应堆中被快速侵蚀，从而产生反应堆的维护问题并影响其可用性。另外，托卡马克（如Tore Supra）在此类部件上的重复实验也表明，碳与氢的同位素氘和氚之间的化学亲和力使侵蚀再沉积过程中会伴随着碳氢化合物的生成，而这些碳氢化合物会沉积在托卡马克的壁上。虽然没有大量深入的实验研究，但是从反应堆的角度看，这样的现象必须尽量避免。实际上，这些碳氢化合物在托卡马克碳壁上可能会成为一种针对氚的重要捕获源，它成了影响未来聚变反应堆正常运行的阻碍因素，因为它使氚循环系统的管理变得复杂化。

由于这两个原因，在过去的十年里，在选择面向等离子体部件的材料时，碳被逐渐地排除了。鉴于ITER即将建成，欧盟聚变联合计划已经启动了一项庞大的科学技术项目，根据耐热性、腐蚀率和滞留率这三个指标，测试出元素周期表中唯一能够取代碳的元素，也就是钨，即白炽灯丝的组成元素。

关于钨元素的研究项目是核聚变领域运作方式的杰出典范。在21世纪初，聚变学术界慢慢地意识到，已经历时20多年的碳解决方案研究，导致未来反应堆的发展逐渐陷入了僵局。此时，

ITER已经处于具体的设计阶段,其运行的成败和科学目标的实现与否,都取决于核聚变学术界对这种材料的悉心选择。实际上,ITER预期的等离子体性能是从现有托卡马克能量约束中外推得出的结果,这种约束取决于受到外围部件直接影响的等离子体的密度和温度。因此,面对等离子体的碳部件使得等离子体具有相对低的边缘密度和相对高的边缘温度并作为其最佳工作点。如果要改变为金属复合壁材料,那么必须将等离子体边缘条件改变为更高的密度和更低的温度。德国的研究计划对此作出了表率,首先利用钨薄层对ASDEX-U装置的碳部件进行了层层覆盖,这种低成本且高效的方案有助于对研究假设进行快速验证。作为目前世界上现有最大的托卡马克装置,同时作为外推到ITER的重要参考,欧洲联合环(JET)也实行了一个计划,在一个非常接近ITER的几何状态下,用钨材料将面向等离子体部件进行了完全重建。经过十来年在JET上的实验,我们重新确定了ITER的预期工作点与最初预计的值很接近,同时确认了聚变等离子体和钨环境是可兼容的。但是,这些实验是在两个托卡马克,即ASDEX-U和JET上进行的,并且是以非稳态方式进行的,因为这两个装置目前还不具备能够保证等离子体持久运行的必要和充分技术。因此,这些装置无法验证钨部件本身是否可以与等离子体长期兼容。2012年,法国的聚变研究计划通过改造Tore Supra托卡马克,使得该托卡马克能够反复实现几分钟时长的运行,这为测试完全符合ITER冷却要求的钨部件原型件创造了必要和充分的条件。在本书编写时,实验正在进行中,实验必须及时提供相关结论,以便启动ITER钨部件的生产制造。在实现这些技术成就的同时,科研团队在知识层面也不断进步,尤其是把等离子体和材料成分整合到同一数值模型中去。虽然在这一点上,我们要走的路还很长,但目标已被完美地规划出来了,这需要全球聚变学术界的学者和专业人士共同努力。

解决等离子体及其周围环境的热平衡和粒子平衡问题的技术和操作方案将彻底打开ITER的大门,这是当前政界和学界的关注重点,同时也是本书下一章论述的主题。

第7章 "人造太阳"建设者

"国际热核聚变实验堆(ITER)项目"标志着聚变能源进入了第三个发展阶段,该阶段证明了人类未来实现反应堆的可行性以及对流程和工艺最完整的掌握。

事实上,如果对迄今所取得的核聚变研究领域的各类进展进行综合性的研究总结,那么我们会发现,在21世纪初,人类已经积累了这一领域的基础知识。这些基础知识使我们能够定义不可缺少的物理参数,使核聚变在地球上得以实现。同时,人类也掌握了实验不可缺少的技术。ITER的建成意味着有史以来第一次将核聚变反应所需的所有相关要素都转变成实物并组合在一起。它的使命是把氘-氚混合体组成的等离子体限制在具有足够技术含量以及一定大小的托卡马克中,以使输出功率达到输入功率的10倍,并维持在小时级别的时间长度。

7.1 托卡马克发展历程

为了更好地了解ITER所面临的实际挑战,在这里有必要把已有的托卡马克装置迄今为止所取得的那些最佳成绩一一呈现出来。

一方面,单纯地从等离子体温度来看,有三个大型托卡马克的等离子体芯部温度都能达到几亿摄氏度,理论上这个数值是足够的。这三个托卡马克分别是:在美国普林斯顿一直使用到了20世纪90年代的托卡马克聚变实验反应堆(TFTR),已经停运了十多年的日本JT-60U,以及一直由欧盟维护、现在仍在运行的欧洲联合环(JET)。然而,这些装置的等离子体的体积不超过100立方米,等离子体电流是几百万安培,也就是说它们最大的能量约束时间大概是1秒钟。因此总的来说,它们只能勉强接近劳森判据所规定的条件。在20世纪90年代后期,JT-60U和JET成功产生了非常接近这一判据标准的等离子体。不过,只有JET和TFTR具备了在实验中注入和清洗氚的能力。截至目前,只有JET是世界上唯一能产生与等离子体加热功率同量级的实实在在聚变功率的托卡马克[①]。此功能点被称为能量平衡点(break-even point)。1995年,JET创纪录地产生了约16兆瓦的聚变功率。ITER的目标是达到400~500兆瓦的功率,这预示着等离子体体积将有10倍的剧增,以及聚变反应产生的功率也将有50倍的跃升。

另一方面,从聚变技术的角度来看,过去几十年的研究和发展使得人们自21世纪初就开始认真考虑要建造这样的一个庞然大物。事实上,建于20世纪80年代、专门为实现等离子体高性能的托卡马克均使用技术手段来最大化等离子体参数,但这些高性能都只发生在很短的时间内,不超过几秒钟。其局限在于:铜磁场线圈、非冷却能量输出系统、短脉冲辅助加热系统、未考虑中子和热高通量的诊断以及后数据处理。ITER的技术在好几个方向同时得到了改善,因为上述问题对ITER来说都是无法逃避的。

首先,必须让托卡马克能够连续产生磁场。事实上,数千安培的电流在同一个托卡马克装置的环向场线圈和极向场线圈内循环流动,由于焦耳效应会带来巨大的发热效应,使得用铜制作超导线的相关技术不能够外推到托卡马克。如果人们通过强制水循环来冷却这些铜缆,那么其带来的损耗就会影响到装置的整体产出效率。因此,人们急需寻找新的可替代技术。

20世纪80年代初,为了配合当时新兴的低温超导技术,人们

---

① JT-60U并没有达到真正的能量平衡点,因为它只使用了氘,没有使用氚。

提出了开发新的托卡马克磁体的想法。因为受到磁体本身大小的限制，所以毫无疑问，这一定是一次巨大的挑战任务。世界上只有极少数的团队迎接了这一挑战，其中就包括法国原子能委员会（CEA）。CEA在破纪录的短时间内开发并建造了Tore Supra托卡马克，其环向场线圈由镍-钛导体组成，镍-钛导体被置入铜制网状模具中，并整个浸入1.8K的液态氦。在此温度下，合金不但能在没有任何电阻的条件下传导电流，而且还不需要任何泵的辅助就能在线圈中实现循环并排出可能存在的局部热源。30多年来，Tore Supra不断验证和运行这种磁体，这不仅证明了这种系统的可行性和可靠性，还为聚变学术界提供了操作指引。虽然受磁体大小的限制，ITER最终采用的方案相对于Tore Supra的最初方案有所变化，但这一早期的技术成就确实开启了20世纪90年代ITER技术的发展之路。这一重大技术进步在核聚变之外的领域也产生了重大的影响，比如欧洲核子研究中心（Conseil Européenn pour la Recherche Nucléaire, CERN）在大型强子对撞机（Large Hadron Collider, LHC）上使用了该技术。人们在LHC上历史性地首次发现了希格斯玻色子。同时，该技术也被用于制造全新的高分辨率医疗成像磁体产品"Iseult"，这种产品目前正在萨克雷研究中心的NeuroSpin研究室投入使用。不远的将来，Iseult将提供超高分辨率成像以增进人类对大脑的了解。

一旦与永久磁场相关的第一个问题被解决，那么就需要保证加热和维持等离子体电流（也就是维持等离子体本身产生的极向场）所使用的技术得到长期的连续的使用。这里还需要提到许多技术的发展成果，也就是高要求的学术界与专注于挑战和创新的全球产业界紧密合作的成果。其中，20年来，我们已经看到了微波管（四极管、速调管和回旋管）的出现，每个管子能够单独产生连续的兆瓦级功率，频率覆盖范围超过4个数量级。负离子的产生和加速技术也取得了惊人的飞跃，并为加速至百万电子伏特（MeV）的快速中性原子注入系统铺平了道路。最后，面向等离子体部件上的热功率通量的排出管理和前面提到的辅助功率耦合的管理，是技术板块的最后一块最重要的拼图。

7.2 ITER发展历程

正是凭借这些因素(无论是已知的还是仍在探索中的),在20世纪80年代,JET和Tore Supra都带着它们非常清晰的使命踏出了第一步,于是核聚变科学家们开始构思至关重要的下一阶段,并在随后很快便成就了ITER。

不得不承认,那些看似微不足道却又举足轻重的事件有时会带来一些美好的相遇瞬间,ITER就是得益于当时非常有影响力的两位"男神"的相遇——他们便是里根与戈尔巴乔夫。故事开始于1985年11月的日内瓦美苏首脑会议,两人在会议中首次进行了会晤,并启动了终结冷战的机制。在这次会晤中,在两国领导人公开讨论的无数话题中,科学合作被认为是有利于和平团结的领域之一。尤其是ITER计划,它很容易地脱颖而出,因为它象征着两个雄心勃勃的超级大国之间的和解。随后,紧随政治和解的步伐,国与国间的交流迅速蔓延,先是法国和英国加入这一计划中,随后日本也加入进来,促成了ITER真正的诞生,其官方名称被正式写入了1988年4月21日欧洲共同体的公开文件中。虽然当时该项目的具体轮廓尚不清晰,但事情显然已经在向前推进。此项目随后委托给了国际原子能机构(IAEA)进行主导,并在位于德国加兴的马克斯-普朗克等离子体研究所内,组建了第一个核心研究团队。

自此,ITER作为一个重大的国际科技合作项目,开始了其辉煌的生命征程。在遍布全球的聚变研究机构的共同支持下,技术团队设定了第一个目标任务,那就是提供ITER的初步概念设计,以使人们能规划接下来的每一步行动以及所需要准备的必要物资。ITER团队在1992年发布了第一份重要报告,该报告将详细的设计期限定为6年左右的时间,所需的相关费用为10亿美元,由美国、俄罗斯、日本、欧盟共同组成的联盟组织对其提供支持。当然,那时候已经有人提出了未来建设所需的资金为50亿~60亿美元。不考虑通货膨胀等因素，最终的花费应该与当时核算的综合成本相差不远。TFR和JET托卡马克装置的设计者和建造者保罗·亨利·雷巴特（Paul-Henri Rebut）成为这一项目的首位总干事。同时，项目分别在三个地方建立了工作站点，分别是德国的加兴、美国的圣地亚哥和日本东京郊区的那珂。因为有ITER的存在，所以人类对人造太阳这一非凡科技的终极追求，将从此不再停歇！

然而，很快该项目就遇到了两大困难，也就是技术的唯一性以及由联盟的脆弱性导致的困境。第一种困难是内部困难，在某种程度上预示了这个项目的致命弱点。实际上，必须以极其明确的方式来定义整个项目的角色和责任，否则我们就会遭遇诸如ITER所面临的状况：项目团队对技术方案的选择与各伙伴国所能承担的费用之间始终存在着矛盾。当然，必须理解ITER最初是源于政治意愿的，并以国际研究项目的形式诞生，所以它没有任何技术和组织上的参考。因此，各伙伴国不希望也不可能将技术和财务权全部委托给项目负责人，这就意味着必须在技术需求和政治、财务框架内不断寻求一种平衡。在此之后，几次危机的出现动摇了该项目，尤其是与技术选择方案相关的危机。这些技术选择方案使各个伙伴国担心真实的成本会高于预期的估算。于是，在1994年，保罗·亨利·雷巴特辞去了ITER项目负责人一职，并由另一位法国人罗伯特·艾马尔（Robert Aymar）接任，他也是Tore Supra的设计师和建造者。各伙伴国给他提出的明确任务就是，提出一种能够更好地控制建造成本的设计方案。这个设计任务在1997年底完成，接下来面临的就是建造的问题。

此时，第二种困难不期而至，这次是外部困难。我们只有用核聚变的时间尺度，才能更好地理解这个项目在面对世界动荡引起的各类重大政治性事件时，所展现的脆弱性。尽管ITER计划的诞生得益于1985年的东西方和解以及当时普遍面临的石油危机，但在20世纪90年代后期，因为石油市场的显著向好，再加上切尔诺贝利灾难之后国际社会普遍对核能失去信任，所以该项目遭受了巨大影响。第一个选择"叛逃"的伙伴国就是美国，它的"叛逃"在当时犹如晴天霹雳。为了解决美国能源部为ITER提供相关经费所导致的严重财政分配问题，美国于1998年宣布退出ITER项目,从而一度让该项目陷入了困境。当时,ITER项目不仅要与美国的国家级研究项目竞争,还要与美国国家点火设施的惯性约束聚变项目竞争。因此,尽管ITER项目的详细设计在技术上进展顺利,但伙伴国之间关于选址和建造费用的谈判却陷入了严重僵局,并威胁到它的存在。

然而,ITER项目的其他伙伴国仍然在加兴和那珂的基地中坚定不移地推进着ITER的相关研究。为了减少建造费用,他们向ITER项目的负责人提出,要求重新设计ITER尺寸。于是在2001年年中,一份经过修改的详细图纸诞生了,更改后的技术方案降低了费用,对应的牺牲是装置的尺寸要比初始设计方案小。我们在此前已经谈到,托卡马克的尺寸大小和它的性能是紧密相关的。因此,这种新的设计使装置的性能系数降低,并使最终的目标功率仅增加了10倍,而不是原计划的30倍。因此,一个越来越明显的事实是,我们必须放弃最初的实现ITER的氚自持计划。之后,ITER的伙伴国用聚变产生的中子轰击锂靶材,对就地取材生产氚燃料的不同方案进行了定型、开发和检验。但是,若要实现托卡马克以封闭循环方式生产和使用氚,我们还是要将其推迟到下一阶段来实现,在下一章我们会进一步解释这个问题。

直到2001年中期,也就是里根和戈尔巴乔夫会晤的16年后,欧洲、日本、俄罗斯才开始寻找用于建造ITER的场址。同时,参与这一项目谈判的圆桌伙伴也增加了,这种开放性体现了这一计划的优越性。令人惊讶的是,第一个提出具体选址提案的国家是加拿大。当时,一群私营企业提议要在多伦多附近的克拉灵顿工厂的厂址建造ITER反应堆,这个地址离坎度重水裂变反应堆很近。坎度堆是氚的生产工厂,所以他们极力推崇这一方案,尤其是得知ITER无法实现氚自持之后。尽管这一提案没有得到加拿大政府的支持,也没有吸引到ITER的伙伴国,但它确实为其他选址工作产生了一定的催化作用。

当日本准备提议把选址定在青森省(Aomori)的六所村(Rokkasho)时,欧洲正在进行内部的选址争论与对峙,候选的地址一个是法国的卡达拉舍(Cadarache),就在磁约束聚变研究所的Tore Supra托卡马克附近;另一个是西班牙的范德罗斯(Vandellos),它位于加泰罗尼亚市(Catalane)塔拉戈纳(Tarragone)的一座核电站附近。

有几本著作已经描述了这一段如荷马史诗般的情节，再次突出了ITER计划给科学、人类以及政治带来的不可思议的力量，它以这样一场伟大的探险来打破人与人之间的割裂。欧洲选址之争最终落在了法国卡达拉舍，并于2003年11月26日被指定为欧洲正式的候选址。同时，也决定了未来会在西班牙设立欧方的ITER管理机构。该机构将作为正式的对外法人，承担ITER在欧洲的建设任务，并自2007年起落户在巴塞罗那。此法人是欧盟内部的一个机构，后来被称为"欧洲聚变能源联盟"（Fusion for Energy，F4E）。

2003年迎来了惊喜，更多的伙伴国加入ITER计划中。就在中国正式申请加入后，曾轰动一时、宣布退出该计划的美国也于1月通过布什总统对外宣布了其将重返该计划。7月，在韩国加入之后，ITER新一轮圆桌会议参与谈判的国家已涵盖全球近一半的人口和80%的国内生产总值。至此，ITER计划终于再次腾飞。

欧洲的卡达拉舍与日本的六所村之间的选址之争非常激烈。谈判很快就变成了支持选址法国的欧洲-俄罗斯-中国联盟与支持选址日本的日本-韩国-美国的两大阵营之间的对抗。为了接下来成立ITER理事会，各国召开了无数次会议，举行了无数的双边谈判以及非常频繁的互访活动。这场外交和技术的博弈持续了将近两年时间。从2005年开始，在欧日选址对抗以及那些引发相互之间紧张局势的声明和公告中，人们几乎失去了ITER有朝一日能够建立起来的希望，这种竞争似乎已经变得无解了。就在这时，2005年3月初，当时的法国总统雅克·希拉克（Jacques Chirac）对日本进行了国事访问，并随身携带了翔实的ITER项目资料。经此，我们看到了法国总统高超的外交技巧，以及他对日本及其文化的深刻了解。他这两大优势必定发挥了重要作用，因为在这次访问之后，局势变得十分明朗，谈判突然转向了非常有利的"双赢"局面。几个月后，欧洲和日本最终确定了将卡达拉舍作为ITER的建设地址，并且签订了一项"更广泛合作"的双边协议。该协议大大加强了这两个伙伴之间的合作。欧洲和日本共同资助了三个ITER的配套支撑项目，并将它们建在日本：第一个项目是将日本已经关停的JT-60U升级为超导托卡马克，并更名为JT-60SA；第二个项目是联合开发核聚变中子辐照材料原型装置,也叫 IFMIF-EVEDA 项目;第三个项目是在日本六所村成立聚变联合研究中心 IFERC,该中心致力于设计未来反应堆,并运用超高性能计算机进行等离子体模拟。

2005 年 6 月 28 日,ITER 理事会通过了在卡达拉舍建设 ITER 反应堆的议案,此时距离上一次里根总统与戈尔巴乔夫总统的历史性会面已过去了整整 20 年。

2005 年 12 月 6 日,随着印度加入 ITER 项目,圆桌会议谈判的各伙伴国终于到齐了。有了这第七大伙伴,ITER 现在被世界上一半以上的人口承载,并成为国际科学合作的有力象征。它不仅仅是创新的动力,也是各国人民之间对话的平台。日本的池田嘉子(Kaname Ikeda)被任命为 ITER 项目的新任总干事。

在法国竞争选址以及取得成功的过程中,必须感谢负责研究选址的 CEA 团队[①],以及在该选址项目中举足轻重的决定性人物,如克劳迪·海格纳(Claudie Haigneré)女士。她在 2002—2004 年担任研究和新技术部部长,并在 2004—2005 年担任欧洲事务部部长。

2006 年 11 月 21 日,雅克·希拉克邀请七个伙伴国的部长在巴黎总统府爱丽舍宫正式签署了建立 ITER 计划的国际协定。该协定此后一直由国际原子能机构保管。

2007 年,在各伙伴国政府通过协定后,负责该项目及其运作的 ITER 组织正式成立,池田嘉子担任总干事,负责管理总部。ITER 组织的第一批十几名员工随后搬进了在卡达拉舍的 CEA 办公大楼,将其临时借用为 ITER 施工前准备阶段及总部建设阶段的办公地点。七个伙伴国分别在各自的国内设立国内协调机构,并在 ITER 组织的协调下履行协议承诺,提供各自承担的资金和部件。

---

① 在参与竞争选址工作的众多人员中,不得不提到伯纳德·比戈(Bernard Bigot)。他从 1996 年起就和 ITER 紧密联系在一起了,当时他是高等教育部下属的技术研究部门的负责人。之后,随着 ITER 项目的发展,他的职务先后转变为研究与新技术部部长克劳迪·海格纳的办公室主任、教育部部长吕克·菲力的办公室副主任、法国政府派驻 CEA 的高级专员以及 CEA 主席。最终,2015 年 3 月 5 日,他开始担任 ITER 总干事。

初创时期的任务和责任的分配是相当复杂的,但可以按以下方式对其进行总结。首先我们必须知道,ITER于2001年完成的详细工程设计规划已经罗列了该项目的建设成本。因此,ITER各伙伴国在加入和选址谈判的过程中就已经将资金和责任分配好了。各伙伴国制定了一种特殊的模式来履行各自责任,这种复杂的模式是实现ITER项目所不可或缺的。ITER各伙伴国必须通过各自的国内协调机构提供实物部件,而不是直接向ITER国际组织提供现金。因此,可以理解的是,一方面考虑到该项目的成本、技术和工业复杂性,另一方面考虑到聚变能源行业所带来的经济层面的机遇,ITER的伙伴国都希望能够尽可能多地掌握这些关键性技术。于是,项目被"分割"成几个任务包,根据非常复杂的分配机制来分配给各伙伴国。这种分配机制同时要考虑到各方的意愿,各自想要掌握的技术,以及总体资金成本的平衡。早在现在非常出名的比特币之前,人们就以此为目的创建了一种真正的虚拟货币,它被称为IUA,用于"ITER账户",并从此将它用于ITER范围内的交易。每一个任务包都由ITER组织以IUA相对应的数值计入,同时,因为欧洲是东道主,所以它将承担总费用的45%,其他六个伙伴国各占9%。ITER组织总部仅仅拥有维持自身运作的资金。

这种最初始的运作模式已经被很多文献记载过了,它也是ITER成立初期导致很多问题的深层次原因。但是在详细阐述这些关键问题之前,我们必须意识到国际组织诞生所面临的外交和技术挑战,尤其是各伙伴国都希望通过这个项目掌握最丰富的知识和技术。除了艰巨的科学技术挑战之外,最深层次的意义是,不管是过去还是现在,项目最主要的目标就是要为全人类找到一个可替代的新能源。因此,尽管ITER采用的运作模式存在弊端,但这是为了项目诞生不可避免的代价。当我们对这整个运作模式进行分析时,能够发现很多值得牢记的经验教训。

让我们走进项目建设伊始阶段,并看看最初的热情是如何遭受现实打击的。

第一个现实打击与详细的项目施工图纸中标注的施工进度有关,该图纸预计施工建设大约需要十年时间。但这一期限并没有考虑到早期的第一个重大困难,那就是需要从零开始组建团队,不仅要在卡达拉舍组建一支高技术国际团队,还要在七个不同的国家成立国内协调机构。即便我们忽略掉组建相关行政、法律和后勤团队所需的时间,也还是没有足够的时间从地球的七个角落招募到一群合适的人,组建成一个结构合理的国际团队奔赴卡达拉舍工作。更别说还要建立高效的联系网络,以连接七个伙伴国,并共同投入实际的项目工作中。

除了第一个现实的打击以外,又出现了第二个技术难题。团队没有对十年前设计团队的技术选择进行充分更新修正,导致设计方案未能与时俱进。其实,聚变学术界在此过程中一直都处于很活跃的状态,人们持续性地探索装置运行模式和运行极限,进行技术创新和图纸优化,并改善ITER组织的运作模式。于是,在成立之初,ITER组织的第一位技术负责人不得不处理来自各个伙伴国实验室的修改请求,导致他对图纸一再进行更新。我们可以想象这个过程所带来的"潘多拉魔盒"效应,它必然对时间和成本造成严重影响。但难道我们为了节省时间和成本,就不对2001年的设计方案进行更新修正了吗?我们不能无视ITER的本质特征,以及它注定漫长的建设时间。也就是说,在如此复杂的情况下,就算不能避免上述这些问题,起码也要建立相应的项目管理方式,并对它们进行管理和控制。在ITER项目启动后的头几年,项目实施者们采取了许多行动来发现和描述这些问题。

项目启动的最初几年,在观察到在成本和时间上都出现了或多或少的巨大偏差之后,伙伴国监督机构已经能够越来越精准地分析项目的进度。在经历了一系列中小型危机后,在2014年,ITER遇到了一次严重的危机,这与错误评估进度和成本控制不足有关。当时流传的数据表明,ITER的建造成本翻了一番。虽然有必要区分2014年的数据是实际投入的成本,而2001年的数据是早期方案的预估成本,但很明显的是该项目变得越来越昂贵,尤其是进度管理失误导致的损失,其负面影响给伙伴国造成了真正的困扰。事实上,虽然装置大楼还未建成,但该项目仍一直宣称于2020年实现首次放电。因此,行政调查和评价报告的数量成倍增加。美国是第一个释放强烈不满信号的伙伴国,它表示,如果没有任何改变,那么可能就会选择放弃该项目。

ITER项目在2015年进入了新阶段,伯纳德·比戈特(Bernard

Bigot)被任命为总干事,他提出了一项包含许多非常有力措施的行动计划。该行动计划包括:对项目时间进度表进行深入分析和更新,规定总干事对所有选择拥有决定权,特别是面对各个国内协调机构的时候;因上述情况而产生的额外费用,则由各伙伴国分摊提供,由总干事支配使用。以上这些措施的效果是惊人的,它极大地推动了项目的建设进度。由伙伴国共同确认的新的进度计划显示,施工完毕并投入运行的时间预计为2025年年底。运行的同时,会对一系列辅助子系统陆续进行组装,以期能在2035年将所有系统投入运行,达到预先设计的运行参数。工地现场目前正如火如荼地展开施工作业,各伙伴国国内也在紧锣密鼓地对所需的部件进行生产加工。至此,技术部件的交付工作也已经开始,该工作的顺利开展主要归功于福斯港(Fos-sur-Mer)和卡达拉舍之间的一条运输专线。未来,在普罗旺斯的道路上,预计将有几百支专门的车队在此服务。

　　ITER是一座科技殿堂(见图7.1)。组装完成的托卡马克将重达23000吨,仅是约束等离子体的全超导磁笼就重达10000吨,由18个高17米、重360吨的环向场线圈,6个直径最长为24米的极向场线圈以及1个高度为18米的中央螺线管组成。环形真空室将容纳约1000立方米的等离子体,电流高达15兆安培。必要时,等离子体辅助加热系统将能够在放电初始阶段连续注入高达73兆瓦功率,并在最终阶段注入高达110兆瓦功率。在运行时直接面对等离子体的部件由一个被铍(Be)包裹的主动水冷"远壁"[1]和一个固态钨制成的主动水冷"近偏滤器"共同组成,它能够有效地控制等离子体边界的热通量和粒子通量。如前所述,ITER的任务是证明聚变能源可以在地球上实现民用。基于此,其发电量预期为400~500兆瓦,持续时间约为10分钟~1小时,产生的能量与核裂变反应堆相当。ITER需要从外部获得氚以满足其持续的运行,但各伙伴国还采用各种技术研发了4~6组产氚包层来用于实验研究,这意味着也许未来可以在核聚变反应堆中循环地产生氚。

　　① 文献中记载的都是"第一壁(First Wall)"的概念,为保证译文的准确性,此处沿用原文所述,翻译成"远壁",对应下文中的"近偏滤器"。

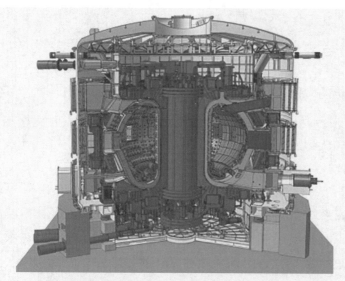

图7.1 国际热核聚变实验堆的结构示意图①

因此,ITER的科学运行时间大约长达20年,目的是确认人类是否已经很好地掌握未来聚变反应堆的相关科学与技术,从而为核聚变反应堆的产业化打开大门。与任意国家领土范围内的所有基础核设施一样,ITER必须符合法国核安全部门所规定的设计、建造和操作规范。为此,ITER组织协调各国开展了一个国际合作项目,旨在起草并制定针对这种核聚变装置的安全规范文件,这可以说是史无前例的。当然,它还包含了反应堆运行时的维护和退役时的拆卸等各方面的内容。这里必须谨记,甚至应反复谨记,即使氘和氚的聚变反应没有产生任何放射性元素,但氚本身是具有放射性的,而且聚变反应产生的中子也会活化那些接触到的材料,从而使ITER本身在它"寿终正寝"后却反而成为"核废料"。因此,ITER还有一部分任务是要证明氚的循环管理是可控的,并且要证明托卡马克可以用一种这样的材料制成:在其寿命尽头时,它的中子辐射下的活化率能够容许被简单、快速地拆卸,以最大限度地减少中长衰减周期的核废料。ITER的东道国法国尤其要带头在拆卸时注意各方面相关的问题,以期"回归绿色"。很显然,这种新能源的终极吸引力必须经过这一层考验。

---

① 图片来源于ITER组织官方网站:www.iter.org。

第8章 在那之后呢?

一切都很好,人们必须想象西西弗斯的快乐。

——阿尔贝·加缪散文集《西西弗斯的神话》

为了征服并利用这种人造太阳的能量,人类献身于这一"疯狂"的目标已经有60个年头了。60年,长吗?短吗?有必要继续投资这一研究吗?是否有足够的可能性获得成功?是否有其他更好、更容易、更经济的办法?能源问题的解决办法是否只是科学家陷入的美好陷阱?

虽然以上所有的问题都合情合理,但我们也不该混淆动机与解决方法,尤其是在科研方面。正如我们一直都在讨论的那样,聚变科研工作不是与高能宇宙学或高能物理学相同的基础学科,而是一项有明确目标导向的科研工作,而这个目标是全社会共同为科研工作者设立的。在这种情况下,的确有一个真正的道德契约存在于整个社会以及科研人员之间,而这一道德契约的订立取决于纳税人所提供的资金,以及独立于科研人员之外的全球的决策者们所做的决定。

话虽如此,就像一开始提到的那样,每当我们谈到核聚变能源清洁、无限的特质时,总是会联想到普罗米修斯的神话。这一同时具有高度社会挑战性和象征性的理想,一直深深植根于科研人员和政治决策者的脑海中。正是它使聚变学术界从一开始就具有强大的国际影响力,甚至能从其他看似更具"竞争力"或时间周期更短的科研项目中脱颖而出。让人深深震撼的是,聚变倡议者们从一开始就秉持了几近于"一家人"的合作精神,以及面对这一超人类挑战时,每一个个体都积极投入并展现出惊人的力量,很少有科研项目同时拥有"寻找圣杯"[①]和"接力赛"的双重特性。当然,我们已经看到,为了实现这一目标,我们不仅需要发掘科学想象力这一秘藏,还需要开发技术创造力这一宝库。核聚变科研已经发展成为可以媲美太空征服项目的一种全人类的探险。

后ITER时代不再是简单的"知识"层面的问题,而是"意愿和能力"的重要问题。一旦有证据表明人类终于弄清了可控聚变等离子体的主要机制,并且掌握了其关键技术,那我们下一步又该做些什么呢? 在这一点上,现在是时候考虑这些未来可能出现的社会、经济问题。如果我们还有10~20年时间来决定下一步目标,那么至关重要的显然是通过"路线图"来为此做好充分的准备。当然,"路线图"的作用肯定不是预测每天将会发生什么,而是用来说明在ITER之后、商业反应堆之前应该做什么,需要多少资源和时间,以及与其他能源相比,人们到底期望它拥有什么与众不同的竞争力。

ITER目前的所有伙伴国都在制定这样的"路线图",这些"路线图"层出不穷,各有差异。另外,聚变学术界当前的发展以及ITER预期的成果也吸引了一些私人投资者友好地参与和分享这块"蛋糕",因为他们意识到能源在今后几十年将是非常有前途的市场,且能与聚变不相上下的能源发展成果通常是很少见的。

8.1 核聚变作为能源的应用

托卡马克研发之路可以被称为核聚变研究的一条康庄大道。让我们从这个方向思考,将来还需要做些什么来完善ITER的科学技术成果,从而建设一个基于氘氚聚变的商用核电站。

如果说ITER能够定义聚变等离子体的运行和稳定范围,那么它相比于原型堆和反应堆,还缺少两个重要的部分。第一个重

---

① "寻找圣杯"是亚瑟王传说里很重要的故事,意指人们长久地追寻圣杯,追寻神话故事里无尽的神能。

要的部分是氚的整个完整和封闭的循环过程,这包括托卡马克内部发生的氚的产生、回收和重新注入。ITER的伙伴国将研发几种氚循环技术,并在ITER的氘-氚实验阶段进行技术测试。我们无法在获得测试结果前确认哪种技术方案更加合理,所以未来聚变示范堆详细设计图纸的定稿必然将推迟到2035年ITER氘-氚实验完成之后。

ITER欠缺的第二个重要部分涉及反应堆所用材料的选择,尤其是结构材料(如真空室使用的钢)。实际上,为了在未来获得商业价值,托卡马克反应堆必须拥有非常高的利用率,并且其运行寿命至少要与目前的发电站(无论是否为核电站)相当,也就是说至少要有40年。ITER是作为实验研究装置来运行的,所以对于中子辐射的影响考虑得不是很周到。实际上,聚变反应堆在其整个寿命期间产生的中子量会比ITER产生的中子量高好几个数量级,因此所需要的结构材料远远超出现有水平。在这方面,具有针对性的研发任务就显得必不可少。它需要同时具备最前沿的冶金科研技术和实验工具来对先进的材料样品进行反应堆预期的中子通量的测试。一些研究倡议已经在进行中,例如,一个名为"国际聚变材料放射测试设施"(International Fusion Material Irradiation Facility, IFMIF)的欧-日合作项目目前已经进行到了原型阶段。它旨在开发超高强度的氘核加速器和一种由液态锂连续型薄膜形成的靶材,氘核反应加速撞击锂产生中子通量,其特征在各方面都与聚变反应堆非常相似。这种中子通量将用于辐射材料样品,从而在极端条件下研究它们的属性。目前,欧-日联合项目的基础部件加速器和靶材已建成并处于积极验证阶段,IFMIF伙伴国现在正在考虑组装所有部件,并在不久的将来与ITER同时进行辐射实验。

这样的研究设施显然是必不可少的,除欧洲和日本以外的ITER伙伴国也把它纳入了聚变路线图中。当然,这种装置必须具备三个要素:科学的研究计划、对材料的高水平理论模拟以及相关的方法和资源。这种加速器的替代解决方案也可以是托卡马克,其大小接近ITER,但其运行将以理想的方式系统地、重复地专门产生所需的中子通量。在不追求性能的情况下,这种装置可以在比ITER放大系数低得多的情况下运行,并完成任务。目前,这些项目的蓝图已经被绘制出来了。其中,必须提到的当然是中国聚变工程实验堆(CFETR)项目。这个项目的目标不仅是对辐射材料进行多方面研究以补充ITER计划的短板,同时还要系统性地进行与核相关的维修和维护。

ITER将来必须面对维护问题,同时还要面对非常严格的核规范。除法规外,它们还涉及遥操作活动,无论是部件的组装、拆卸还是现场监测,这些活动都由专门的机器人来执行。有关遥操作技术的发展是20世纪90年代末在JET装置上开始的。尽管JET只是偶尔在有氚的情况下使用该技术,但这是历史上第一次研究这个课题。如果我们从反应堆的角度出发,受维修的限制,为了测量过度的损害,那么就有必要在反应堆设计阶段就充分考虑遥操作维护措施。目前这方面研究走在最前沿的是欧洲和中国,它们在托卡马克的构思和组装方式上取得了很大的发展。

在改进托卡马克结构和可靠性的其他途径方面,热通量和粒子流的控制也是非常值得研究的课题之一,其中一些可以追溯到"源",也就是磁约束装置本身。确实,偏滤器预计会承受非常强烈的热通量,即使ITER装置上的热通量是可以得到控制的,但是未来持续运行的反应堆还是可能会导致偏滤器部件的损伤,为反应堆的运行带来风险。例如,如果要在这种装置上更换损坏或老化的偏滤器,那么需要的操作时间通常要超过一年。

目前,在这个领域的解决途径包括优化偏滤器的几何形状和部件安装技术,以在等离子体边界区域达到辐射的最大强度;同时还引入了人工智能技术,以便对等离子体及其接触材料之间进行实时的运行管理和操作控制。

最后,如果我们把前几章的逻辑推理到底,那么磁约束装置的第二个方向——仿星器会突然从众多的考查方案中显现出巨大的优势。正如我们在前文中看到的那样,仿星器没有等离子体电流,也没有诸如破裂或边界局域模那样的不稳定性。它不需要用一部分产生的能量来维持等离子体电流,另外,它的工作点具有比托卡马克更高的密度,并且理论上具有更有利的等离子体边界条件。这就是日本和欧洲在内的许多ITER伙伴国仍继续大力投资仿星器技术发展的原因,以便对这种比托卡马克发展滞后的磁约束装置进行深入而广泛的研究。非常了不起的是,前文提及的德国

W7-X项目在欧洲的支持下已于2016年在德国格赖夫斯瓦尔德（Greifswald）投入运行。它在前期几次试运行中的表现符合预期，这是一段对聚变学术界来说特别有趣的研究时期。但是很显然，在修改当前反应堆设计概念之前，必须对建造、维护仿星器的技术复杂性进行评估。需要指出的是，即使核聚变反应堆的最终核心是仿星器，而不是托卡马克，ITER未来20年内运行所得到的成果也同样可以为最终目标服务，因为托卡马克和仿星器存在大量的共同点。聚变学术界中绝大部分人都认为ITER是通往核聚变反应堆的必经之路，其结果在很大程度上将非常显著地影响着这一探险之旅的后续发展。在这一点上，它承载着其名称的所有象征意义：在拉丁文中，"ITER"的意思是"道路"。

在核聚变路线图中，聚变示范电站（DEMO）通常会被认为是ITER的后继者，它将会把上述所有提到的方方面面与更"工业化"的方法结合在一起。并且DEMO还必须形成完整的热循环，证明收集到的热可以产生电能，这样就可以更精准地提供详细数据，以证明聚变能作为能源的竞争力及其在工业领域的应用价值。最真实的时间进度表预测，21世纪中后期将有可能建设这种示范电站。在这样远大的前景下，如果能够成功地进行进一步的研究，尤其是材料和辅助加热系统的整体效率的研究，且这些研究能够成功的话，那么不仅能大幅度降低建造成本，还将为未来反应堆的商业开发带来不可忽视的巨大收益。当然，所有这些都基于从研究领域到工业领域的逐渐过渡和主动部署。

总而言之，概括这100年来在核聚变领域的研究历程，我们可以根据技术储备水平的等级①将核聚变的过去、现在以及未来分成几个重要的时期（见图8.1）。在过去阶段（以JET和Tore Supra装置为代表，综合了所有等效的和相关的科学技术研究），学术界已经测试了基础研究、科学可行性和研发的基本技术。ITER现在必须综合示范这些新技术，以证明科学和技术的可行性，其中包括与新型基本核装置相关的方面。下一步，DEMO将在第一个商业反应堆投入使用之前（可能在21世纪末）解决项目的工业化问题。

---

① 这个等级最初由美国航空航天局（NASA）提出，旨在量化技术研究的成熟度，从产品市场的1级（理想）到9级不等。

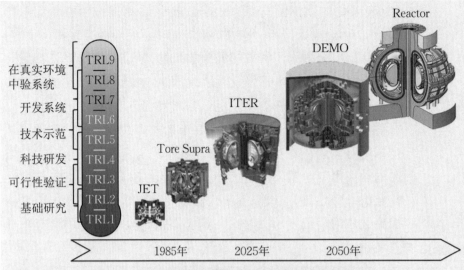

图8.1 最终通往核聚变反应堆的聚变能线路图

8.2 核聚变在其他领域的应用

最近几年,核聚变领域的对外开放程度大大提升,于是吸引了私人投资者日益增长的投资兴趣。而在从前,这一领域仅仅是由政府进行投资的,并且仅限于少数几个实力超群的发达国家。

在不到10年的时间里,磁约束聚变研究在财力雄厚的高科技企业中蓬勃发展。例如,美国航空航天巨头洛克希德·马丁公司(Lockheed Martin)及其紧凑型聚变计划(Compact Fusion),中国化石能源巨头新奥公司(ENN)及其全新的聚变研究所,以及由大型风险投资公司提供资金的小型初创企业,如英国托卡马克能源公司(Tokamak Energy)。这当中到底发生了什么?该如何解释这些企业行为呢?

在试图对此发表个人意见之前,有必要澄清几点事实。第一个值得关注的点是,所有这些企业行为,都是以极其激进的市场营销为目的的。因为官方的聚变发展路线图时间战线很长、花费巨大,所以很多企业利用这一点,宣传所谓时间较短且成本较低的项目,从而寻求私人资本。对于在瞬息万变的能源市场中寻求中期收益的投资者而言,一个更紧凑、更便宜的解决方案的确更适合他们。因此,洛克希德·马丁公司声势浩大地登上了这个舞台。在2014年,他们宣称10年内可以开发出一种仅用小拖车就可以装载的微型聚变反应器,并将其推向市场。其他一些人则宣称可以通过氘和氦-3之间的反应来建造聚变反应堆,其最大的优势就是不需要用到具有放射性的氚,同时也不会产生中子,所以对材料没有激活作用。请注意,这种聚变反应所需要的温度远远高于氘-氚聚变所需要的温度,并且其反应效率明显较低。其中的一些举措更为谨慎,旨在针对特定子系统制定替代技术解决方案,侧重于瞄准未来的市场,通过专利来回收投资。例如,基于高温超导材料的托卡马克磁体的研发。这种磁体可以大大降低其运行所需的制冷功率,并且能够拓展具有更高磁场的运行区域,这两个方面对聚变能开发显然是有益的。

为此,有关的设计人员和科研人员首先重新审视了磁约束装置的设计,并认为早年讨论的某些结构方案被放弃得太早,应该对它们进行更好的优化。因此,他们重新回归到小装置的实验,整理了20世纪末最后几十年出现的那些使我们得以实现JET和ITER优化的工作。我们已经看到,磁约束结构很重要,技术部件及其在非常复杂的系统中的集成也同样重要。因此,一方面,这些实验室和行业所走的道路非常有趣,因为它们寄希望于不断地创新开辟新道路;另一方面,私人投资者也冒着巨大的风险,因为我们已经知道这条道路任重而道远。

还应该指出,60年的磁约束聚变研究(其最终目的是开发一种能源)已经产生了一定数量能在工业上进行运用的技术成果,也使得磁化高温等离子体在工业上的应用成为可能。我们这里指的是磁约束装置所提供的可能性。例如,把它作为不具备增殖性能的超快中子源,从而有效地处理核裂变能源领域产生的一部分放射性材料,至少是那些需要长时间储存并会给该行业带来重大负面影响的放射性材料。这种应用显然值得负责燃料循环利用的相关人员注意。

经过几轮的观察和相互质疑,我们最近目睹了各国政府和私人企业正在彼此靠近。毫无疑问,这将很快带动各方的协同合作。各国政府采取的行动是开发新型核能能源过程中实施最严格的安全、安保规则的唯一保证,这些规则将对未来整个行业加以约束。另外,私人资本和工业企业突然进入磁约束核聚变领域中,也是一个非常积极的信号,表明这种史无前例的人类探索现在已经进入了一个决定性的阶段,并可以乐观地看待未来。

总而言之,我们可以看到,现在以发电为目的的聚变科研工作已经进入了一个新时代,对其可行性的研究被赋予了最高优先级。以ITER集体建造为代表的这一阶段能够取得成功,主要源于半个世纪以来人类为了掌握并和平利用聚变能所开展的协同研究。ITER的成功不仅是科学人员和技术人员的成功,还将证明在面对共同挑战的时候是可以动员全人类共同参与的。让我们共同期待,核聚变能够激发并促进其他全球性挑战的成功,这些挑战包括对当今环境遗产的保护或对财富的最佳分配。尽管这一伟大的任务在科研的过程中往往会面临许多失败和困难,尽管作为科研人员或普通人的我们拥有很多的理由可以选择放弃,但我们仍然要全力以赴并超越自我。目前阶段的科研成果表明,我们已经取得了巨大的进步,这让我们更有理由相信"人造太阳"能够取得成功。

第9章　中国聚变之光

　　能源在人类发展中起着至关重要的作用,绿色能源是人类可持续发展的最佳选择。聚变核能相比于化石能源和裂变核能,是人类未来最理想的新能源,也是聚焦了学术界非常多关注的新能源之一。受控核聚变技术因为在能量、燃料获取、环保及安全性等方面有着巨大优势,所以在应用上有着更为广阔的前景。开发利用核聚变能源是人类面临的极具挑战性的世纪难题之一。近年来,国际上对受控核聚变研究的重视程度日渐提升,多国投入大量人力和资金开展各种实验研究,以早日实现核聚变能的和平利用,建立核聚变反应堆及核聚变发电厂。

　　在过去的50多年中,中国科学家也在积极探索受控核聚变技术,在国家专项资金的支持下,先后建成十多个聚变能实验装置,开展了卓有成效的聚变能利用的物理和工程技术研究。为了加快突破聚变能技术瓶颈,中国早在2003年就已正式加入国际热核聚变实验反应堆(ITER)计划谈判,2006年签署ITER协议,携手欧盟、日本、俄罗斯、韩国、印度和美国等ITER合作方的科学家共克难关。从加入ITER计划以来,中国认真履行承诺和义务,承担ITER采购包交付任务,按照时间进度和标准,高质量地完成了中方承担的国际研制任务,受到ITER参与各方的充分肯定。中国于2011年启动中国聚变工程实验堆(CFETR)的概念设计,2017年完成概念设计后启动了工程设计,2020年底完成全部工程设计,为中国未来聚变工程实验堆的建造奠定了基础。同时为了验证和攻克未来中国聚变工程实验堆的关键系统的关键性技术难题,2019年9月23日正式开工建设国家重大科技基础设施"聚变堆主机关键系统综合研究设施（CRAFT）"项目，预计建成具有国际领先水平的超导磁体和偏滤器两大研究系统，这为CFETR的顺利开建夯实了基础。中国为全球聚变事业的发展作出了杰出贡献。

9.1　中国聚变之路

中国核聚变研究起步于20世纪50年代，科学家和工程师持续开展以聚变为导向的技术研究，经过多年的研究与积累，中国磁约束核聚变技术得到了快速发展，形成了以托卡马克装置为主、其他类型中小装置为辅的磁约束核聚变研究路线。现阶段的研究重点主要集中在托卡马克装置上，在国家专项经费的大力支持下，先后建成和运行HT-6B、HT-6M、HT-7、中国环流器二号A（HL-2A）、东方超环（EAST）、J-TEXT等装置。基于中国已建成的磁约束聚变实验装置，科研人员开展了前沿物理实验研究，相关研究成果步入世界先进行列，2021年成功实现可重复的1.2亿摄氏度101秒和1.6亿摄氏度20秒等离子体运行，2017年实现101.2秒稳态长脉冲高约束等离子体运行，创造了新的世界纪录。在磁约束聚变实验装置的设计与研究过程中，积累了大量的科研成果，如聚变堆部件加工制造、大型超导磁铁工程建设和大科学工程管理等，相关成果已达到国际先进水平。

中国主导建设或改造的几个典型托卡马克装置参数和情况见表9.1。

1. HT-7超导托卡马克

20世纪八九十年代，中国科学院等离子体物理研究所先后建造了HT-6B、HT-6M小型托卡马克装置。后又从苏联库尔恰托夫原子能研究所引进了T-7超导托卡马克装置，并对其进行改造，于1994年完成了升级，建成中国第一个（世界第四个）超导托卡马克装置，将其命名为HT-7。该装置历时3年半，花费1800万元，将原本不具备物理实验功能的装置成功改造成能够开展稳态高参数实验

表9.1 中国主要托卡马克装置参数

装置	R/米	a/米	κ	B_t/特斯拉	I_P/兆安	t_d/秒	P_{NB}/兆瓦	P_{ECH}/兆瓦	P_{ICH}/兆瓦	P_{LH}/兆瓦	建成时间(年份)
HT-7	1.22	0.26	1	2.2	0.25	400			2	2	1994
HL-2A	1.65	0.4	1.3	2.8	0.5		2	2		1	2002
EAST	1.7	0.4	1.6~2	3.5	1~1.5	1000		0.5	3	4	2006
J-TEXT	1.05	0.3	1	3	0.4						2007

注：R：等离子体大半径；a：等离子体小半径；κ：等离子体拉长比；B_t：中心场强；I_P：等离子体电流；t_d：设计的放电时间；P_{NB}：中性束注入功率；P_{ECH}：电子回旋注入功率；P_{ICH}：离子回旋注入功率；P_{LH}：低混杂波注入功率。

的超导托卡马克装置。HT-7实现的63秒稳态运行时间刷新了当时的世界纪录，于2003年被评选为"2003年度中国十大科技进展"。

2. 中国环流器二号A（HL-2A）

2002年，核工业西南物理研究院建成HL-2A，该装置是中国第一个具有先进偏滤器位形的非圆截面的托卡马克核聚变实验研究装置，其主要目标是开展高参数等离子体条件下的改善约束实验，并利用其独特的大体积封闭偏滤器结构，开展核聚变领域许多前沿物理课题以及相关工程技术的研究，为中国下一步聚变堆研究与发展提供技术积累。

3. 先进实验超导托卡马克"东方超环"（EAST）

先进实验超导托卡马克（Experimental Advanced Superconducting Tokamak, EAST）是由中国科学院等离子体物理研究所于1998—2006年研制的世界上首个全超导托卡马克装置，有"东方超环"之称。等离子体物理研究所当时面临着国际上无建造全超导托卡马克的经验、无稳态控制及安全运行的技术参考和无快速变化超导磁体技术的艰难境地，中国科学家和工程技术人员克服重重困难，独立完成物理和工程设计，自主研发了所有的关键部件，于2006年1月完成了EAST主机总装（见图9.1）。2006年9月，成功获得等离子体，并在后期的运行中取得了一系列震惊中外的成果，其中最显著的成绩是实现了大于400秒的长脉冲等离子体运行。EAST取得的这些国际一流成果，对未来ITER科学实验的推进有重要意义。

图9.1 EAST全超导托卡马克装置主机

4. J-TEXT

2006年,华中科技大学完成了对美国赠送的TEXT-U托卡马克的改造与升级,将升级改造后的装置命名为J-TEXT,并于2007年开始了托卡马克实验运行。该装置的主要目标是培养可控核聚变科学技术相关的科研人才,开展托卡马克等离子体磁流体活性研究与托卡马克等离子体湍流与输运研究。

9.2 中国聚变能发展规划

中国自2006年正式签署ITER计划协议起,至今已走过十余年时间。参与ITER计划,展现了中国面对人类共同面临的现实和未来能源问题负责任的大国形象。通过参加ITER装置的建造和运行,切实履行中国在ITER计划中的权利和义务,全面掌握ITER计划相关的知识产权和产生的成果,培养、稳定一批高水平的人才队伍,加快推动中国核聚变能的研究发展。

近年来中国核聚变事业取得了一系列重要成就和突破,依托中国科学技术大学成立的"国家磁约束聚变堆总体设计组",联合国内各个主要从事热核聚变研究的科研院所与高校,携手攻关,全面开展聚变堆总体设计研究,为条件成熟时建造中国聚变工程实验堆奠定必要的设计基础。根据国家"十三五"科学和技术发展规划,未来将加速开展中国聚变能发展研究,完成国际热核聚变实验堆装置建设中中国承担的国际热核聚变实验堆采购包的设计、认证以及制造技术研发,全面消化吸收国际热核聚变实验堆总体设计和相关技术,开展中国未来磁约束聚变堆的总体设计研究,加快人才培养,建设中国核聚变能研究创新体系。

中国磁约束核聚变能发展战略为:以建立近堆芯级稳态等离子体实验平台,消化、吸收、发展和储备聚变工程实验堆关键技术,开展聚变工程实验堆设计研究和关键部件预研为近期目标(截至2020年);以建设、运行聚变工程实验堆,开展稳态、高效、安全的热核聚变堆科学研究为中期目标(2021—2050年);以发展核聚变电厂,探索核聚变商用电厂的工程技术可行性、环境可行性和经济可行性为长远目标(2051—2060年)。中国磁约束核聚变能发展规划如图9.2所示。

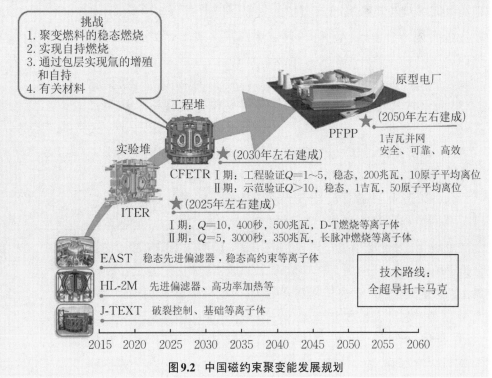

图9.2 中国磁约束聚变能发展规划

1. 近期目标（截至2020年）

近期目标为推进先进等离子体物理研究,开展聚变工程实验堆的工程设计与部件前期预研。建设国际一流磁约束核聚变国家实验室,在EAST装置上开展堆条件下稳态先进托卡马克运行模式的物理和技术研究,在HL-2M装置上开展高功率密度下先进偏滤器实验研究,在J-TEXT等小型装置上开展新方法、新诊断、新技术等基础研究;加强理论和数值模拟研究,提高先进托卡马克运行模式等离子体行为的理解和预测能力;参与ITER工程建设,消化、吸收、掌握关键技术。与此同时,开展中国聚变工程实验堆的工程设计和部件前期预研,锻炼队伍,培养人才,使中国跻身世界核聚变能研究开发先进行列。

2. 中期目标（2021—2050年）

（1）2021—2030年:开展聚变工程实验堆工程建设和"非核"实验研究

在这一阶段中,在EAST装置上开展稳态高约束模实验研究;在HL-2M装置上开展高功率密度下先进偏滤器的实验研究;基本完成大规模理论计算和数值模拟的集成研究并进行实验验证,对燃烧等离子体行为进行分析和科学预测。参加ITER实验研究,全面掌握燃烧等离子体控制、氘氚运行和核安全等方面的知识。建成聚变工程实验堆,开展"非核"实验研究。此外,发展先进偏滤器、低活化材料与包层、氚工厂、智能遥操作等关键技术和关键部件。

（2）2031—2040年:开展聚变工程实验堆一期目标"聚变堆工程物理实验验证"

这一阶段中,全面验证装置主机及其附属系统在长脉冲氘-氚燃烧高约束模条件下的能力和可靠性;实现50～200兆瓦稳态聚变功率输出,聚变功率增益因子达到1～5;针对"稳态燃烧"和"氚自持"两大目标,在聚变工程实验堆上开展实验研究,验证和测试氚工厂、热核部件、智能遥操等系统的各项功能指标,同时探索实现高效、先进示范堆的运行模式。经过8～10年的运行,至"一期目标"后期,开展与ITER类似的、聚变功率增益因子为10的高参数实验研究。该阶段结束时,可以形成聚变工程实验堆二期"示范堆验证"的装置升级改造的设计参数、运行标准和安全规范。

（3）2041—2050年：开展聚变工程实验堆二期目标"聚变堆示范验证"

本阶段主要针对示范堆阶段的燃烧等离子体高效、高约束相关的科学和技术问题开展实验研究。实现长时间1000兆瓦以上的稳定聚变功率输出，实现功率增益因子大于10条件下的氘-氚燃烧等离子体先进运行模式的稳定运行和可靠控制，初步验证核聚变能发电的科学和工程技术问题，具体包括：高热通量和强中子辐照条件下的堆芯等离子体与材料的相互作用，热核部件各项功能的可实现性及服役性能的稳定性，智能遥操作技术可靠性及核聚变能发电等。该阶段结束时，可以形成聚变示范堆的设计参数、运行标准和安全规范。同时探索功率增益因子大于30的核聚变电厂的科学技术实现方法，为设计和建设聚变原型电厂打下坚实基础。

3. 长期目标（2051—2060年）

长期目标主要为建造和运行核聚变示范原型电厂。建造和运行100万千瓦量级的核聚变原型电厂，探索聚变商用电厂的工程技术可行性、环境可行性和经济可行性，进而最终实现核聚变能的商用发电。

9.3 CFETR装置大揭秘

根据中国聚变能发展规划，依托中国科学院等离子体物理研究所的EAST、核工业西南物理研究院的HL-2A和华中科技大学的J-TEXT等现有托卡马克装置的研究成果，并继续通过这些托卡马克装置开展新的实验研究，为聚变能物理与工程研究奠定良好的基础。同时，中国科学家以参加ITER为契机，在全面消化关键技术的基础上，加强自主建设创新，开展高水平科学研究。近年

105

来中国核聚变事业取得了一系列重要成就和突破,成立了"国家磁约束聚变堆总体设计组",该设计组主要依托中国科学技术大学,并同时联合国内各大主要从事热核聚变研究的科研院所与高校,全面开展聚变堆总体设计研究,共同攻克科研重点与难点,为下一代聚变装置——中国聚变工程实验堆(CFETR)的设计和建设奠定提供坚实的基础。CFETR将瞄准磁约束聚变能前沿目标,旨在桥接ITER和DEMO聚变实验装置,发展聚变能源开发和应用关键技术,为未来磁约束聚变堆的建设提供科学理论支撑,提升中国聚变能发展研究的自主创新能力。总的来说,以我为主开展详细的工程设计,建立国际一流的研发平台,这些举措都为未来聚变堆建设提供了全面的工程技术支持。

CFETR分两个阶段运行:第一阶段的聚变功率为50～200兆瓦,聚变功率增益Qplasma范围为1～5,氚增值率大于1.0,中子辐照效应约10原子平均离位,重点探索稳态操作;第二阶段的聚变功率大于1吉瓦,中子辐照效应约50原子平均离位,重点关注聚变功率增益Qplasma大于10时的托卡马克DEMO验证。为了满足CFETR的运行需求,实验堆的工程设计工作主要需解决的关键科学难题有:14T级先进高场超导磁体设计;符合ASME和RCC-MR标准的大型真空室、冷屏和杜瓦系统;高能量、大功率的负离子束源中性束系统;屏蔽及增殖包层(水冷/氦冷)及管林系统;稳态聚变堆先进偏滤器系统;核环境下高效遥操作系统;聚变堆各系统的安全分级和设计规范。CFETR的概念设计也已于2017年完成,详细的工程设计已于2017年启动,并于2020年结束。为了降低CFETR的建造成本,在初始阶段采用了一个较小的等离子体主、次半径($R=5.7$米,$a=1.6$米),等离子体中心场强为4～5特斯拉。为了更好地实现第二阶段的目标,已经提出了具有更大尺寸的升级CFETR主机设计方案。新的CFETR方案的主、次半径为$R=7.2$米,$a=2.2$米,等离子体中心的环形磁场强度为6～7特斯拉,这样既可以满足第一阶段和第二阶段的目标设计,又可以实现从第一阶段到第二阶段的平稳过渡。CFETR主要参数的前后比较如表9.2所示,CFETR主机结构与布局如图9.3、图9.4所示。

表9.2 CFETR主要设计参数

参数	先前设计方案	当前设计方案
等离子体电流I_p(兆安)	8.5/10	0~14
等离子体大半径R(米)	5.7	7.2
等离子体小半径a(米)	1.6	2.2
中心场强B_t(特斯拉)	4~5	6~7
等离子体拉长比κ	2	2
三角形变δ	0.4	0.8
TF线圈数量N	16	16

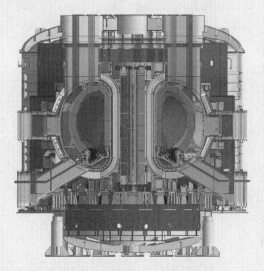

图9.3 CFETR托卡马克装置主机

CFETR装置主机设有磁体系统、杜瓦系统、冷屏系统、真空室系统、包层系统、偏滤器系统、馈线系统、遥操作系统等系统。

1. 磁体系统

如图9.5所示,CFETR磁体系统包括环形场(TF)、极向电场(PF)和中心螺线管(CS)。其中,TF超导磁体系统由16个相同的D形线圈组成,它们沿环形方向均匀排列,每个TF线圈包括绕组、绝缘、接线盒、支撑结构、冷却系统等。TF超导磁体系统的主要功能是产生强大的环向磁场。其与等离子体电流自身产生的极向磁场组合后形成螺旋形磁场,既能够约束等离子体,又有利于稳定等离子体的宏观不稳定性。TF的主要设计参数见表9.3。

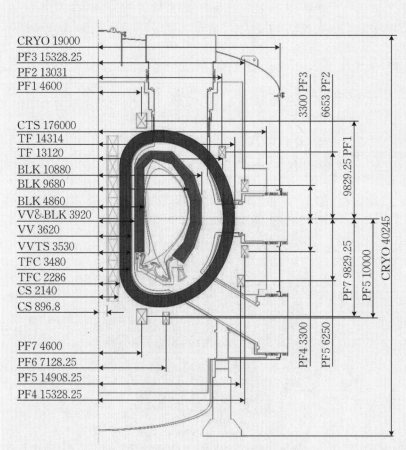

图9.4 CFETR托卡马克装置主机截面尺寸

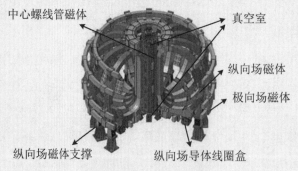

图9.5 CFETR磁体系统

表9.3 TF主要设计参数

参数	先前设计方案	当前设计方案
线圈数	16	16
每个线圈匝数	132	154
总磁体储能	35.88吉焦	122.2吉焦
运行电流	67.4千安培	95.6千安培
峰值场强	10.4特斯拉	14.5特斯拉
向心力	417兆牛	1157兆牛
倾覆力矩	180.9兆牛米	785兆牛米
工作温度	4.5开尔文	4.5开尔文

　　PF磁体的功能主要是与CS磁体一起,对等离子体的击穿、加热、成型及平衡发挥作用。PF磁体共由7个环形线圈(PF1-PF6,DC1)组成,主要功能是产生3种平衡位形,即类ITER偏滤器位形、Super X位形和雪花状位形。每个PF磁体均由NbTi超导线制成的管内电缆导体(CICC导体)绕制而成。每个线圈皆由绕组、支撑结构、冷却系统等子结构组成。PF超导磁体系统位于内外冷屏之间。各个PF线圈通过支撑结构固定在TF线圈盒上。线圈通过超临界氦进行冷却。CS磁体系统用于在特定的空间内产生激发等离子体电流的电压并控制等离子体的位形状,主要由线圈绕组、预压结构、线圈支撑及其他必要的辅助部件组成。PF主要结构参数见表9.4。

表9.4 PF主要结构参数

线圈编号	R(米)	Z(米)	ΔR(米)	ΔZ(米)	匝数
PF1	4.60	9.83	1.036	1.512	468
PF2	13.03	6.653	0.697	1.167	240
PF3	15.30	3.30	0.697	1.167	240
PF4	15.30	−3.30	0.697	1.167	240
PF5	14.91	−6.25	0.697	1.167	240
PF6	7.13	−10.00	0.697	1.167	240
PF7	4.60	−9.83	1.036	1.512	468

2. 杜瓦系统

外真空杜瓦为ITER装置主机的关键部件之一,其主要作用是为内真空室、超导磁体、冷屏及其他安放在外真空杜瓦内部的部件提供良好的真空环境,更好地限制热交换。外真空杜瓦承载着来自超导磁体、真空室和冷屏等部件的载荷(见图9.6)。此外,外真空杜瓦上、中、下部分别设有不同尺寸、不同类型的窗口,以满足等离子体加热、真空抽气、磁体馈线、诊断等外围设备系统的使用需要。

图9.6 CFETR杜瓦系统

3. 冷屏系统

CFETR冷屏的主要功能是为低温超导磁体以及工作在4.5开尔文低温环境下的部件与其他热部件之间提供热屏障。在装置运行以及真空室烘烤期间,冷屏能够降低因热辐射或者热传导而对超导磁体及低温部件产生的热负荷。冷屏主要由4个部分组成:外冷屏、内冷屏、冷却管路系统、支撑系统(见图9.7)。外冷屏位于杜瓦与磁体之间,通过连接颈管冷屏与真空室冷屏相连;内冷屏位于纵场磁体线圈与真空室之间;冷却管路系统安装在杜瓦内,与冷却系统(属于杜瓦系统)连接并对冷屏进行冷却。

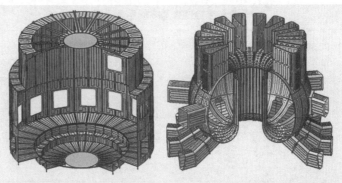

(a)外冷屏 (b)内冷屏

图9.7 CFETR冷屏系统

4.真空室系统

CFETR真空室的主要功能为提供真空环境和辐射的第一道屏障,支撑真空室内部部件与自身重量等。真空室为D形截面的双层壳结构,环向分为16个扇形段,整体为全焊接结构,主要部件为真空室主体、窗口和支撑;真空室主体主要由内外壳、筋板、拼接板以及内部部件支撑等结构组成,内外壳及其之间的加强筋采用焊接的方式构成了一个整体。真空室冷却方案采用内外壳之间设有流道的水冷方案。真空室上设有上窗口有16个、中窗口6个、下窗口16个,用于满足加热、诊断、抽气以及安装内部部件和远程维护等需求(见图9.8)。真空室的主要参数见表9.5。

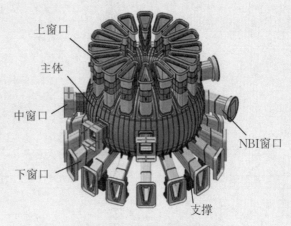

上窗口

主体

中窗口

NBI窗口

下窗口

支撑

图9.8 CFETR真空室系统

表9.5　CFETR真空室主要参数

尺寸		
	单个扇区环向范围	22.5°
	赤道面最大环向直径	25.52米
	赤道面最小环向直径	7.24米
	D型截面高度	15.01米
	壳厚度	50毫米
	肋厚度	40毫米
真空室内腔总体积(包含内部部件)		5072立方米
真空室内腔表面积		1583平方米
结构		双层壁
位置		
	高场侧直线区域	圆柱面
	高场侧顶端/底端	双曲面
	低场侧区域	双曲面
烘烤温度		200摄氏度(本体)
		250摄氏度(窗口)
材料		316L(N)
重量		
	总重量	5609吨
	主体	1548吨
	窗口	3337吨
	支撑	724吨
电阻		
	环向电阻	9.34微欧姆
	极向电阻	5.03微欧姆
极限真空度		$\sim 10^{-6}$帕斯卡
总漏率		$\leqslant 5 \times 10^{-7}$帕斯卡·立方米/秒

5. 包层系统

　　CFETR包层系统的主要功能包括实现氚增殖、实现氚自持、屏蔽中子等。CFETR包层布局的示意图见图9.9,有水冷包层和氦冷包层两种不同的方案。水冷包层与氦冷包层采用相同的整体布局方案,高场侧和低场侧在环向分别分成32个和48个整体扇段。氦冷包层结构由第一壁、盖板、冷却隔板、分流隔板、集流板等构成。水冷包层结构主要由钨铠甲、第一壁、加强隔板、肋板、冷却管道、增殖区、盖板(CAP)等组成。

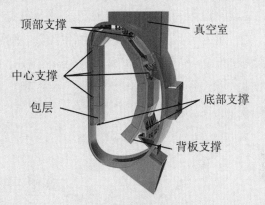

图9.9 CFETR包层布局

6. 偏滤器

CFETR偏滤器的主要功能包括:有效地排除靶板热载、防止杂质返流回芯部、屏蔽中子等。CFETR偏滤器系统的示意图见图9.10,有氦冷偏滤器和水冷偏滤器两种方案。每个偏滤器模块包括内靶板、内返流板、DOME板、外返流板和外靶板。氦冷偏滤器高热负荷区采用T型结构,低热负荷区采用平板型结构。水冷偏滤器方案中的面对等离子体单元(PFU)有穿管和平板两种

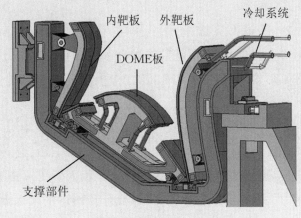

图9.10 CFETR偏滤器系统

结构。两种结构都采用钨(W)为第一壁材料,ODS-Cu为热沉材料。

7. 馈线系统

CFETR馈线系统的主要功能是为整个超导磁体系统供电、降温和提供测量诊断通道,从而维持和控制磁体及其结构在指定的工况下正常可靠地运行,是CFETR的"生命线"。如图9.11所示,磁体馈线系统包括8条TF磁体馈线系统(100千安培电流引线)、7条PF磁体馈线系统(68千安培电流引线)和8条CS磁体馈线系统(68千安培电流引线)。

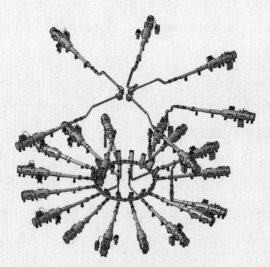

图9.11 CFETR馈线系统

8. 遥操作系统

CFETR遥操作系统的主要作用是满足中子辐照环境下CFETR主机真空室内部部件的维护需求。遥操作系统主要包括包层维护系统、偏滤器维护系统、多功能重载机器人及维护工具系统、遥操作控制系统等。

包层维护系统采用大模块包层(60 t)结构设计,利用16个上垂直窗口对包层进行整体吊装维护,以提高CFETR装置主机的维护效率。包层遥操作维护系统包括顶部转运车(CASK)及吊运系统、高/低场侧包层转运平台、底部抬升及转运平台以及灵巧机械臂等系统(见图9.12),从而实现包层部件的环向和径向转运、包层支撑的拆卸与安装、窗口正下方包层及辅助加热系统的吊装维护等操作。

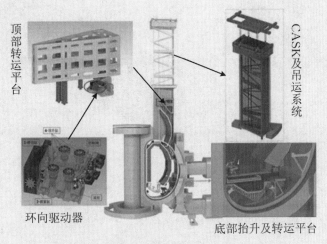

图9.12　包层遥操作维护系统

偏滤器遥操作维护系统能够实现将真空室内大型偏滤器部件(约15吨)转移至热室进行维修、更换和废弃处理,其结构如图9.13所示,主要包括环向转运维护平台、多功能维护平台、底部转运车、偏滤器吊装平台、下窗口CASK等。

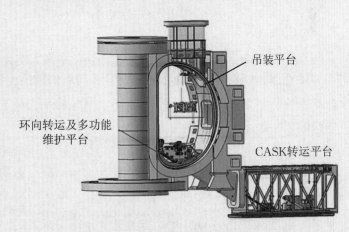

图9.13　偏滤器遥操作系统

CFETR多功能重载机器人系统通过多关节运输臂末端快换接口搭载多种执行器和工具,从而实现真空室内部灰尘收集、检漏、视觉检查等相关安全任务,以及更换偏滤器第一壁(涉及管路切割、焊接等)等精细维护操作,同时还具备救援其他遥操作设备的功能,其系统如图9.14所示。

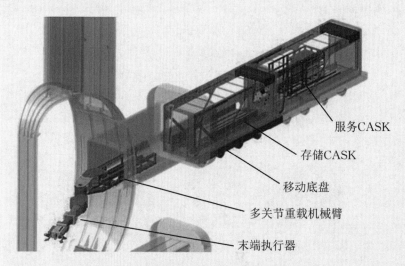

服务CASK

存储CASK

移动底盘

多关节重载机械臂

末端执行器

图9.14 多功能重载机器人及维护工具系统

9.4 中国聚变的未来

尽管受控核聚变技术尚未进入商业发电阶段,并且目前仍有许多困难需要克服,但我们已经越来越接近发展最后的挑战阶段。来自全球100多个聚变研究实验室的众多科学家和技术人员为了人类更美好的未来做出了积极的努力。

在CFETR成功建造和运行之前,还有许多其他的技术难题尚待解决,包括材料和组件性能、氚自持、聚变环境下的遥控操作可靠性、等离子体性能和安全性等。解决技术和科学问题并开发完善的实验数据库需要充足的时间。作为推进新能源开发的一部分,中国已经将CFETR推进到详细的工程设计阶段。面向CFETR关键技术的大规模研发和集成仿真已经开始,将持续填补CFETR成功建设和运营所需技术的空白。为了解决CFETR全面建造时遇到的诸多工程技术难题,对各关键系统进行预研,中国启动了国家重大科技基础设施"聚变堆主机关键系统综合研究设施"项目(CRAFT),并于2019年9月23日正式开工建设,预计建成具有国际领先水平的超导磁体和偏滤器两大研究系统,实现世界第一个超大型(12米×18米)、高载流(导体电流95.6千安培)、强磁场(15特斯拉)的D形超导磁体,同时将积累大型超导磁体的建造经验。通过建立系列模拟等离子体装置,开展极端条件下(提供达到聚变堆偏滤器稳态粒子流>1024平方米/秒和稳态热流10兆瓦/平方米)等离子体与材料相互作用研究,以及材料损伤、再循环与燃料滞留等相关研究。中国预计在21世纪30年代完成CFETR建设。它将首先用于探索稳态运行和氚自持,目标是实现200兆瓦聚变功率。到21世纪40年代将完成下一阶段的实验研究,以验证并解决聚变托卡马克DEMO所面临的所有关键科学和技术问题。2050年将开始建造原型聚变电厂,这将是中国迈向商业化聚变路线的最后一步。

中国在托卡马克装置领域的研究从当初的"跟跑"到"并跑",再到现在已在很多方面实现"领跑"。10年前,世界的聚变只看美国、欧洲、日本,但现在,都在看中国。中国聚变能研究领域的耕耘者殷切地期望,正如全世界第一个全超导托卡马克装置诞生在中国一样,人类第一盏被"人造太阳"之火点亮的"聚变之灯"(见图9.15)将在中国亮起。

图9.15 聚变之灯

117

附录 词汇表

本书介绍了托卡马克装置的科学原理、具体构造、反应过程等,书中出现的相关概念法语原文及中文释义梳理如下。

ASDEX-Uprade 装置(ASDEX-Uprade)

由德国马克斯-普朗克等离子体物理研究所在德国加兴与欧洲核聚变联盟共同合作研发的托卡马克装置,其主要目标是记录几十立方米等离子体的运动规律以及ITER托卡马克等离子体的约束梯度定律。

等离子体辅助加热(Chauffage additionel)

任何聚变等离子体都是从等离子体的外部进行加热的,并由此获得能量。

回旋共振加热(Chauffage cyclotranique)

这种等离子体加热方式通过向聚变等离子体外围的天线中射入波实现,该波的射入频率可以调整,以便与磁感线周围粒子的圆环运动产生共鸣磁。因此,在目标粒子中,我们可以观察到电子回旋共振加热和离子回旋共振加热。

低杂波加热（Chauffage hybride）

这种等离子体加热方式通过向聚变等离子体外围的天线中射入波实现,该波的射入频率可以调整,以便与沿着磁感线的电子运动产生共鸣磁。这种加热实际上是针对非感应电流而产生的。

欧姆加热（Chauffage ohmique）

等离子体的内部加热是由等离子体电流通过电阻体而实现的,并与其非零电阻的焦耳效应有关。

面向等离子体的部件（Composant face au plasma）

任何可作为核聚变反应装置器壁的材料都必须能够承受等离子体中热通量和粒子流的作用力。

磁约束装置（Configuration magnétique）

由线圈施加作用力的所有外部元件和由等离子体电流施加作用力的所有内部元件共同形成了聚变等离子体的磁约束装置。

约束（Confinement）

聚变等离子体特性的总称,从其触发聚变反应能力的角度来确定其性能。约束是用能量和粒子来定义的。

自举电流（Courant de bootstrap）

等离子体本身会自动生成一部分的等离子体电流,这部分电流与受其内部压力影响而形成的平行流有关。在一定条件下,自举电流在托卡马克中占据主导地位,并打开等离子体稳态运行的大门,同时大大减少了生成非感应电流的要求。

示范反应堆(DEMO)

DEMO通常代表ITER阶段之后的核聚变反应堆,其主要任务是围绕这种反应堆的工业化和发电的可能性进行展示。DEMO目前仍处于个别方案的概念预设计阶段,日本、欧洲等国家和地区尚未将此装置的施工计划列入议程。

诊断技术(Diagnostic)

测量聚变等离子体或其材料环境的物理量的任意方法。

等离子体破裂(Disruption)

由于磁流体动力学的不稳定性,聚变等离子体的磁约束装置会迅速且不可逆地破坏,并导致其所有的磁能和动能都疏散到结构中。

偏滤器(Divertor)

这是一种直接面对等离子体的热通量和粒子流的部件,它可以使等离子体的磁约束装置外缘在极向场中出现奇点(称为"点X")。

边界局域模(Edge Localized Mode, ELM)

在高约束模式下的聚变等离子体的外缘,磁流体动力学的局部不稳定性导致其压力轮廓迅速松弛,热通量和粒子流向也扩散到面向等离子体的部件。

H因子(Facteur H)

聚变等离子体能量约束时间的放大因子,反映了核聚变的两种约束状态之间的过渡情况,该约束状态通常超出了等离子体疏散的一定水平的整体功率。如果该功率较低,则称为L模式,并且其H因子通常为1。目前观察到的"优化"的约束状态为模式H,其大概的H因子一般为2,或H因子介于1和2之间的高级模式。

非感应发电(Génération non inductive de courant)

可以取代全部或部分的托卡马克转换效应而生成的等离子体电流。所有已知的等离子体的外部加热方式都或多或少地具有非感应发电的能力。自举电流也可被归纳为非感应发电。

冰块(Glaçons)

将氘、氚或氦充分冷却,形成固化材料(类似冰块),注入等离子体中后可为反应提供能量。

回旋管(Gyrotron)

回旋管是一种能够产生电磁波,并将电磁波注入聚变等离子体用以加热的超频管。它是电子束产生电磁振荡的装置,其电子束会根据搜索到的波的特征来调整波纹,以穿过共振腔。在核聚变反应中,回旋管是等离子体回旋加热的主要来源,工作频率在100~200千兆赫兹。

国际聚变材料放射测试设施(International Fusion Materials Irradiation Facility, IFMIF)

IFMIF旨在测试和开发聚变反应堆的材料,该原理基于加速氘核,使其与液体锂组成的标靶碰撞。D-Li反应产生的中子与

D-T反应产生的中子特性非常相似。目前,IFMIF项目在日本的Rokkasho基地处于设计概念的验证阶段。

中性束注入(Injection de neutres)

聚变等离子体的外部加热系统,基于氘离子或氚离子的加速、中和,然后被注入等离子体内。因此,注入的中性原子的能量必须远高于等离子体离子的平均能量,如此才能产生所需的加热效应。

国际热核聚变实验堆(ITER)

在法国的卡达拉舍,由ITER组织负责开发的托卡马克装置正在建造中。ITER组织是由中国、韩国、美国、欧州、印度、日本和俄罗斯组成的联盟,其主要目标是应用国际上受控磁约束核聚变的主要科学和技术成果,实现10级的能量放大因子和以小时计算的聚变反应持续时间。

欧洲联合环(JET)

自20世纪80年代初以来,JET托卡马克装置一直由欧洲原子能共同体(EURATOM)负责在英国牛津郡的卡勒姆科学中心运行,其主要目标是确定一个可推断的工作点,使得在最接近ITER等离子体的几何形状内,放大能量至ITER的目标值。虽然JET的体积缩小了10倍,但它是目前世界上规模最大、效率最高的托卡马克;此外,它还能够控制氚核。

JT-60SA装置(JT-60SA)

装置位于日本茨城县,JT-60SA超导托卡马克正在建设中,其主要目标是探索所谓"进步"的等离子体,以期向ITER或未来的聚变反应堆提供更高效、更稳定的工作点,并用于调整ITER装置的尺寸。JT-60SA接替了JT-60U,其建设工作由日本和欧洲共同承担,并作为扩展方案的组成部分之一。

JT-60U 装置(JT-60U)

JT-60U 托卡马克由日本经营,其主要目标非常接近 JET 的目标。JT-60U 在 2000 年前后停止并被解构,以便让位于 JT-60SA。

速调管(Klystron)

速调管是一种能够产生电磁波,并将电磁波注入聚变等离子体用于加热的超频管。它是电子束产生电磁振荡的装置,其电子束会通过搜索低功率的波和相同特征的波来穿过共振腔。在核聚变反应中,速调管是等离子体混杂波加热的主要来源,工作频率约为几千兆赫兹。

保护限制器(Limiteur)

这是一种直接面对等离子体的热通量和粒子流的部件。它可以使等离子体的磁约束装置外缘在极向场中不会出现奇点。

磁流体动力学(Magnetohydrodynamics,MHD)

MHD 是热等离子体和磁化等离子体物理学的分支,旨在大规模研究其稳定性。

H 模式(Mode H)

托卡马克约束优化后(H 因子约为 2)的运行模式,与其等离子体外围的压力底座有关,此压力底座是在 ASDEX-D 装置上发现的,并自那时起也在其他很多的托卡马克装置上被观察到。ITER的工作点尺寸类似 H 模式。

等离子体(Plasma)

等离子体被称为物质的第四态,我们观察到,当物质被加热到数万摄氏度时,电子会摆脱原子核束缚。物质的等离子态在宇宙的可见物质中非常常见。

极向场(Poloïdal)

磁心运动的参考方向,与等离子体电流产生的磁场有关。因此,极向场是指磁心的任意垂直截面平面。

仿星器(Steuarator)

仿星器是一种外加有螺旋绕组的磁约束聚变实验装置。

四极管(Tétrode)

四极管是一种能够产生电磁波,并将电磁波注入聚变等离子体进行加热的超频管。它是一种放大低频电磁振荡的装置。在核聚变反应中,四极管是等离子体回旋加热的主要来源,工作频率约为几十兆赫兹。

TFTR 装置(TFTR)

TFTR 是于 1982~1997 年由普林斯顿大学等离子体物理实验室制造和运行的托卡马克装置。TFTR 和 JET 是迄今为止仅有的利用氘和氚等离子体进行实验的托卡马克装置。

托卡马克(Tokamak)

托卡马克是一种通过结合外部垂直磁场线圈产生的磁场和流经等离子体的环形电流,利用磁约束来实现核聚变的装置。

Tore Supra装置(Tore Supra)

Tore Supra是由CEA与欧洲核聚变联盟在卡达拉舍基地共同合作建造和运行的托卡马克装置。该项目的主要目标是开发聚变装置的持续运行技术(超导磁体、等离子体元件的主动冷却和外部加热系统,连续诊断和采集等)。1988年4月,Tore Supra第一次产生等离子体。

环向场(Toloïdal)

磁心运动的参考方向,沿着等离子体电流的方向环向旋转。环形磁场是由托卡马克的垂直磁场线圈产生的。

W7-X装置(W7-X)

W7-X是由马克斯-普朗克等离子体物理研究所在德国格赖夫斯瓦尔德建造和运行的仿星器。W7-X是目前最大的超导仿星器,其等离子体部件将被主动冷却。它能够非常详细地记录仿星器与托卡马克之间的性能比较,并为核反应堆应用这种磁约束装置铺平道路。2015年12月,W7-X第一次产生等离子体。

WEST装置(WEST)

自2013年以来,法国WEST托卡马克装置成为Tore Supra托卡马克的升级版,其升级之处体现在磁约束装置的分流器,以及可以主动冷却钨的面向等离子体的部件。2016年12月,WEST第一次产生等离子体。

参 考 文 献

［1］ Arnoux R, Jacquinot J. Iter, Le chemin des étoiles? ［M］. Salerno: Edisud, 2006.

［2］ Benuzzi-Mounaix A. La Fusion nucléaire: Un espoir pour une énergie propre et inépuisable[M]. Belin: Pour la Science, 2008.

［3］ Braams C M, Stott P E. Nuclear Fusion: Half a Century of Magnetic Confinement Fusion Research[M]. Cornwall: Iop Publishing, 2002.

［4］ Clery D. A Piece of the Sun: the Quest for Fusion Energy[M]. New York: Overlook Press, 2018.

［5］ Laval G. L'énergie bleue[M]. Paris: Odile Jacob, 2007.

［6］ McCracken G, Stott P. Fusion: the Energy of the Universe[M]. New York: Academic Press, 2005.

［7］ Weisse J. La Fusion nucléaire[M]. Paris: Presses Universitaires de France, 2003.

［8］ ITER [EB/OL].(2020-12-20). https://www.iter.org/fr/accueil.

［9］ CEA [EB/OL].(2020-12-20). http://irfm.cea.fr/.